普通高等教育"十二五"规划教材

CAXA 2007
机械设计绘图实例教程

殷 宏 编著

U0342518

北 京

冶金工业出版社

2012

内 容 提 要

本书是机械设计课程设计绘图教材。本书详细介绍了运用 CAXA 电子图板进行二维工程图绘制的基本方法。通过蜗杆减速机设计，全面展现了运用 CAXA 电子图板进行机械结构设计的基本过程。

本书可供在校大、中专学生学习机械设计课程时使用，也作为计算机二维绘图的教材及相关教师和工程技术人员参考使用。

图书在版编目(CIP)数据

CAXA 2007 机械设计绘图实例教程/殷宏编著 . —北京：冶金工业出版社，2012.5

普通高等教育"十二五"规划教材

ISBN 978-7-5024-5887-4

Ⅰ.①C… Ⅱ.①殷… Ⅲ.①机械设计—软件包,CAXA 2007—高等学校—教材 Ⅳ.①TH122

中国版本图书馆 CIP 数据核字(2012)第 077469 号

出 版 人 曹胜利
地 址 北京北河沿大街嵩祝院北巷 39 号，邮编 100009
电 话 (010)64027926 电子信箱 yjcbs@ cnmip. com. cn
责任编辑 徐银河 美术编辑 李 新 版式设计 孙跃红
责任校对 卿文春 责任印制 李玉山
ISBN 978-7-5024-5887-4
北京百善印刷厂印刷；冶金工业出版社出版发行；各地新华书店经销
2012 年 5 月第 1 版，2012 年 5 月第 1 次印刷
787mm×1092mm 1/16；15.25 印张；368 千字；233 页

32.00 元

冶金工业出版社投稿电话：**(010)64027932** 投稿信箱：**tougao@cnmip. com. cn**
冶金工业出版社发行部 电话：**(010)64044283** 传真：**(010)64027893**
冶金书店 地址：北京东四西大街 46 号(100010) 电话：**(010)65289081**(兼传真)
(本书如有印装质量问题，本社发行部负责退换)

前 言

　　机械设计课程设计是机械专业大学生在校期间一项重要的实践性教学环节。随着科学技术的发展，机械课程设计已由手工绘图逐渐变成计算机绘图，因此迫切需要一本关于运用计算机进行机械工程图设计的参考书。本书以减速机设计为例，详细介绍了运用 CAXA 电子图板进行机械装配图设计的全过程。

　　本书由殷宏编著，主要介绍了圆柱齿轮减速机各种零件的绘制，并以蜗杆减速机为例介绍了运用 CAXA 电子图板进行机械装配图设计的基本过程，通过减速机套图的设计，全面系统地展现了运用 CAXA 电子图板进行机械结构设计的思路和方法。

　　本书共有 9 个课题，采用任务驱动法教学，符合项目教学新理念，各课题之间既相互独立又有一定联系，实现教学过程不断线，使学生通过任务掌握运用 CAXA 电子图板进行机械工程图设计的基本方法，全面提升学生计算机绘图能力和机械结构设计能力。

　　本书可作为大、中专学生进行机械设计课程设计和毕业设计的参考书，也可作为学习电子图板绘制机械图的教材。本书是机械类学生必备的参考书，既适用于 CAXA 电子图板的初学者，也适用于有一定计算机操作基础的用户。由于作者水平所限，书中错误和不当之处，恳请读者批评指正，联系方式：ytt117@163.com。

编　者
2012 年 1 月

目　　录

课题一　认识 CAXA2007

学习目标:

1. 了解 CAXA 电子图板的界面。
2. 掌握 CAXA 电子图板的基本操作。

任务一　CAXA 电子图板的界面

一、CAXA2007 电子图板的运行方法

双击 Window 桌面上的电子图板图标 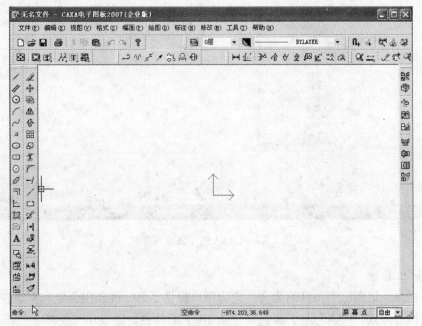，或选择【开始】→【所有程序】→
【CAXA】→【CAXA 电子图板 2007】→【⊙ CAXA 电子图板 2007】命令，则进入 CAXA
电子图板界面，如图 1-1 所示。

图 1-1　CAXA 电子图板界面

二、CAXA 电子图板的界面说明

CAXA 电子图板的界面包括: 标题栏、菜单栏、工具栏、状态栏、立即菜单和绘图区

等几部分组成。

（一）标题栏

CAXA 电子图板的标题栏位于用户界面的顶部，左侧显示该程序的图标及当前所操作图形文件的名称，单击图标按钮，将弹出系统菜单，可进行相应操作；右侧为窗口最小化按钮、窗口最大化按钮和窗口关闭按钮，可以实现对程序窗口状态的控制。

（二）菜单栏

CAXA 电子图板的菜单栏中包含 10 个菜单："文件"、"编辑"、"视图"、"格式"、"幅面"、"绘图"、"查询"、"设置"、"工具"、"帮助"，几乎包括了该软件的所有命令。单击菜单栏中的某一菜单，即弹出相应的下拉菜单，单击下拉菜单单项既可执行相应命令，如图 1-2 所示。

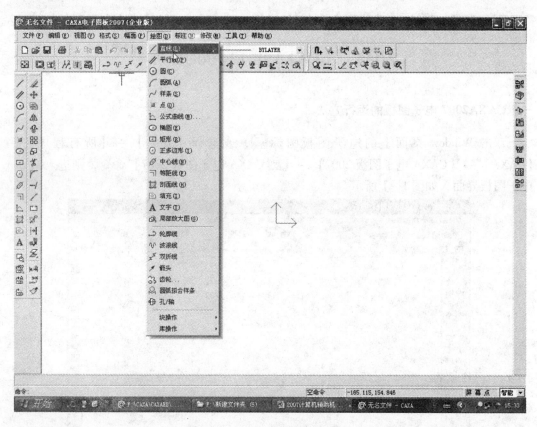

图 1-2　CAXA 电子图板菜单栏

（三）工具栏

工具栏是一组图标型工具的集合，它为用户提供了另一种调用命令和实现各种绘图操作的快捷执行方式。CAXA 电子图板共包括 10 个工具栏，即显示"标准"工具栏、"属性"工具栏、"常用"工具栏、"图幅操作"工具栏、"绘图"工具栏、"绘图Ⅱ"工具栏、"设置"工具栏、"标注"工具栏、"编辑"工具栏、"三视图管理"工具栏。

（四）状态栏

CAXA 电子图板的状态栏位于屏幕的底部，默认情况下，左侧显示命令，中间显示绘图区光标的坐标 X、Y 的值，右侧显示绘图时光标的状态。

（五）立即菜单

CAXA 电子图板的立即菜单表示绘图时各类命令相应的信息。如图 1-3 所示的绘制直线命令，立即菜单表示了所绘制直线的类型、状态、方式等信息。

（六）绘图区

CAXA 电子图板的绘图区如图 1-3 所示。绘图区是进行绘图设计的区域，它位于屏幕的大部分面积。在绘图区的中央设置了一个二维直角坐标系，称为世界坐标系，它的坐标原点为（0.0000，0.0000）。当然，用户也可以建立自己的坐标系。

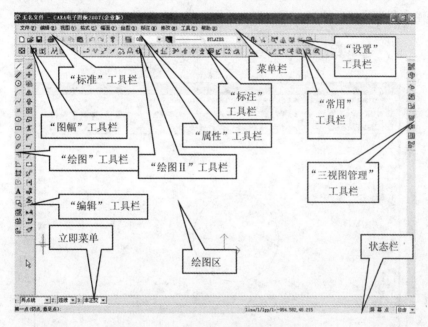

图 1-3 CAXA 电子图板的界面说明

当用户以 CAXA 电子图板的绘图区的世界坐标系为坐标系时，水平方向为 X 方向，并且向右为正，向左为负。垂直方向为 Y 方向，向上为正，向下为负。

在绘图区用鼠标拾取的点或由键盘输入的点，均以当前用户坐标系为基准。

任务二 CAXA 电子图板的基本操作

一、基本操作

（一）鼠标操作

在 CAXA 电子图板中，使用具有两个按键的鼠标功能如下：

（1）左键，点取命令；拾取选择。

（2）右键，结束命令或确认（相当于回车）；重复上一条命令。

（二）【Enter】键操作

在 CAXA 电子图板中，【Enter】键的功能为：

（1）结束数据的输入或确认默认值。

（2）重复上一条命令。

二、图形绘制

（一）基本曲线绘制

电子图板将绘图曲线划分为两大部分，即基本曲线和高级曲线。基本曲线主要包括：直线、平行线、圆、圆弧、样条、点、椭圆、矩形、正多边形、中心线、等距线、公式曲线、剖面线、填充和文字标注等15种。在"绘图"工具栏中，用鼠标点取相应图标或下拉菜单项既可进行相应的绘图操作。如图1-4所示，点取（基本曲线）绘图工具中圆的图标⊙，输入圆半径值后回车，就可以在绘图区指定位置绘制相应的圆。

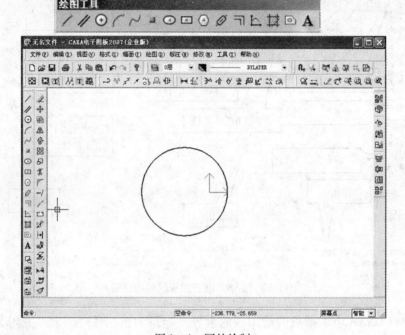

图1-4　圆的绘制

（二）高级曲线绘制

所谓高级曲线是指由基本元素组成的一些特定的图形或特定的曲线。它主要包括：轮廓线、波浪线、双折线、箭头、齿轮、圆弧拟合样条和孔/轴等7种类型。

用鼠标点取相应图标或菜单下拉项即可进行相应的绘图操作。如图1-5所示，点取（高级曲线）"绘图工具Ⅱ"中的波浪线的图标或菜单下拉项在绘图区画波浪线回车，就可以画出波浪线。

三、图样编辑

（一）曲线编辑

为提高作图效率以及删除在作图过程中产生的多余线条，电子图板提供了曲线编辑功能，

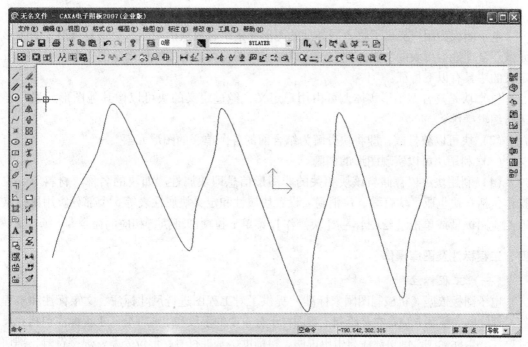

图 1 - 5　波浪线绘制

它包括：删除、平移、复制选择到、镜像、旋转、阵列、比例缩放、裁剪、过渡齐边、拉伸、打断、打散、改变线型、改变颜色、移动层、标注编辑、尺寸驱动、格式刷等 19 个方面。

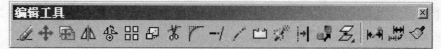

点取相应图标或菜单下拉项即可执行相应的命令。如图 1 - 6 所示，点取过渡图标，输入圆角半径，再点取齐边对象就可以画出过渡圆角。

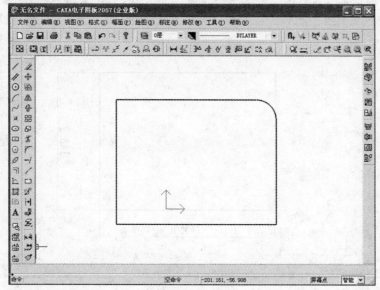

图 1 - 6　过渡

（二）块操作

电子图板为用户提供了将不同类型的图形元素组合成块的功能。块是复合形式的图形元素。合理地运用块的功能并把它定义成相应的图符可以有效地提高绘图效率。电子图板定义的块具有以下特征：

（1）块是复合型图形实体，可由用户定义，经过定义的块可以像其他图形元素一样进行编辑操作。

（2）块可以被打散，即将块分解为结合前的各个单一的图形元素。

（3）利用块可以实现图形的消隐。

（4）利用块可以存储与该块相关的非图形信息即块属性。如块的名称、材料等。块操作包括：块生成、块打散、块消隐、设置块属性和定义块属性表等 5 个部分。用鼠标点取相应图标🔲或单击【绘图】→【块操作】菜单下拉项即可执行相应的命令。

四、工程标注及图库操作

（一）工程标注

电子图板依据《机械制图国家标准》提供了对工程图进行尺寸标注、文字标注和工程符号标注的一整套方法，它是绘制工程图样十分重要的手段和组成部分。工程标注包括：尺寸标注、坐标标注、倒角标注、引出说明、粗糙度、基准符号、形位公差、焊接符号、剖切符号、局部放大等 10 个方面。其中标注工具条包括 9 种。文字标注在绘图工具条中。

点取相应图标或菜单下拉项即可进行相应的标注。如图 1 - 7 所示，点取尺寸标注图标┡┥就可以方便地标出图中矩形的尺寸。

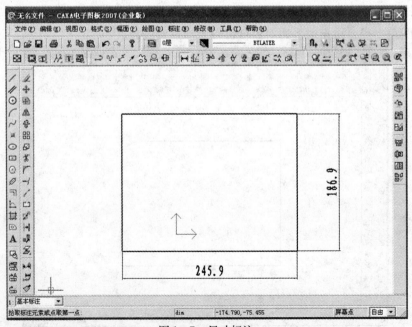

图 1 - 7　尺寸标注

（二）图库操作

用户在设计时经常要用到的各种标准件和常用的图形符号，如螺栓、螺母、轴承、垫圈、电气符号等。用户在设计绘图时可以直接提取这些图形插入图中，避免不必要的重复劳动，提高绘图效率。CAXA电子图板的最大优点是可以自行定义自己要用到的其他标准件或图形符号并把它存放在图库之中，而且操作简单不用编程。

CAXA电子图板对图库中的标准件和图形符号统称为图符。图符分为"参量图符"和"固定图符"。其中，"参量图符"还可以运用"驱动图符"的功能改变其尺寸。对图库可以进行的操作有：提取图符、定义图符、图库管理、图库转换、驱动图符。"绘制"工具栏中，图库操作的图标为CAXA电子图板对图库中的标准件和图形符号统称为图符。图符分为"参量图符"和"固定图符"。其中，参量图符还可以运用"驱动图符"的功能改变其尺寸。"绘图"工具栏中，图库操作的图标为📷，压住鼠标左键选取相应图标或单击【绘图】→【库操作】下拉菜单项，可进行相应操作。

如图1－8所示，点取"提取图符"图标📷，进入图库点取图符大类"螺栓与螺柱"的"GB 5780—2000 六角头螺栓－C级"、单击 下一步 按钮，选取直径48mm，单击 确定 按钮，如图1－9所示，则螺栓被提出。然后根据需要选择合适的位置插入。

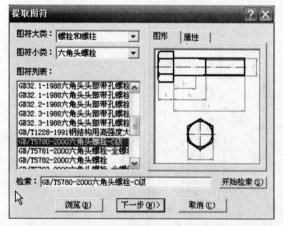

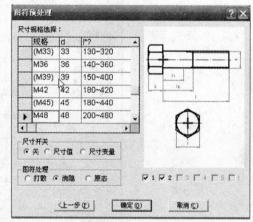

图1－8　选GB5780—2000六角头螺栓－C级螺栓　　图1－9　提取螺栓直径48mm螺栓

如图1－10、图1－11所示，根据需要选择合适的位置插入。

CAXA电子图板还提供了构件库和技术要求库。用户可以不断填充该库以提高绘图效率。构件库的图标是📷，单击该图标可以进入"构件库"，如图1－12所示，根据需要可以满足要求，比如要画两轴之间的退刀槽，首先点击构件库图标，然后根据立即菜单提示单击相应图形，确定后就可以方便地画出要的图形，如图1－13～图1－15所示。

CAXA电子图板的技术要求库的图标为📷，单击此图标可以进入"技术要求生成及技术要求库管理"对话框，参考提示可以减少输入信息量，还可以增加技术要求库的内容，如图1－16所示。

五、图形显示

CAXA电子图板有良好的图形显示功能，其"常用"工具条包括：动态显示平移📷、

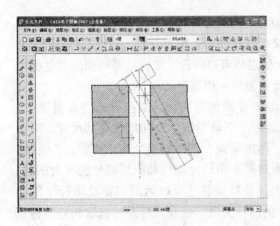

图 1-10 螺栓提出

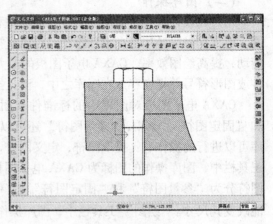

图 1-11 螺栓插入

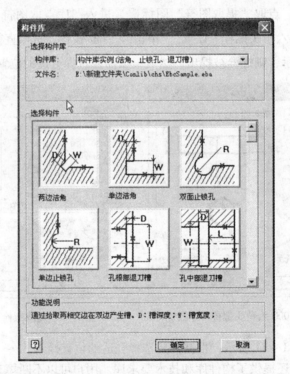

图 1-12 构件库

动态显示缩放 ![icon]、显示窗口 ![icon]、显示全部 ![icon]、显示回溯 ![icon] 等功能。在绘图过程中灵活运用以上功能就能准确地绘制或检查工程图样。

下面就简要说明这几个图标的使用方法。如图 1-17 所示，是一个连接杆零件图，单击动态显示缩放图标 ![icon]，屏幕上就会出现放大器图标，压住鼠标左键前后移动鼠标，就能放大图形，如图 1-18 所示。

单击动态移动图标 ![icon]，屏幕上就会出现十字光标，压住鼠标左键任意移动鼠标，就可以移动图样，如图 1-19 所示。

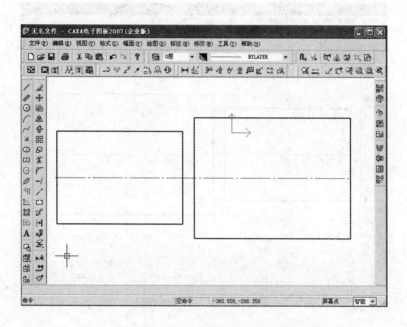

图 1 – 13　退刀槽绘制（1）

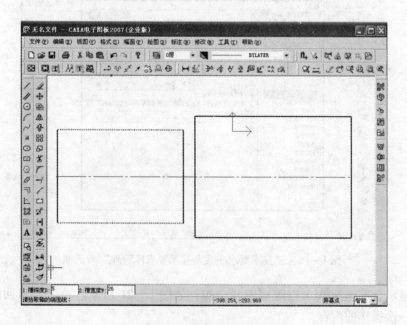

图 1 – 14　退刀槽绘制（2）

　　有时在绘图中我们经常会遇到需要观察和绘制图样局部，显示窗口命令就能满足用户需要，使用方法是点击显示窗口图标 ，屏幕上立即菜单提示选择要求，选择合适的部位后单击鼠标左键，则屏幕放大显示需要观察和绘制的部分，如图 1 – 20 所示。

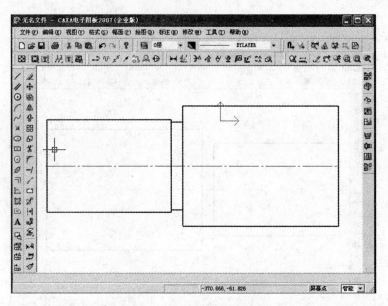

图 1 – 15 退刀槽绘制（3）

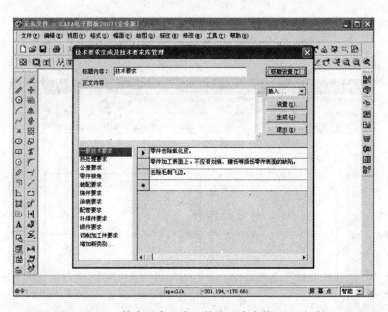

图 1 – 16 "技术要求生成及技术要求库管理"对话框

单击显示全部图标 可以观察图样全貌，如图 1 – 21 所示。单击显示回溯图标 ，能回显上一次操作的内容。

六、图幅确定

CAXA 电子图板为用户提供了符合国家标准的各种图幅，系统已有 A0、A1、A2、A3、A4、A5 等五种幅面。完全符合国家标准。操作方法非常简单。

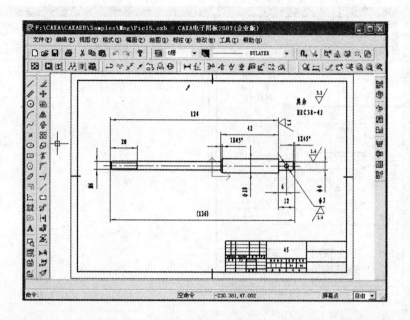

图 1 - 17　连接杆

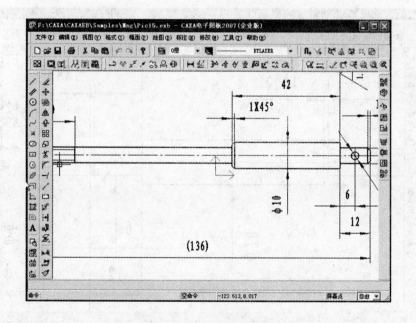

图 1 - 18　连接杆放大图

（1）单击【幅面】→【图幅设置】或图标，弹出"图幅设置"对话框，如图 1 - 22所示，单击确定按钮后即选出了图纸幅面、图形比例及标题栏类型。

（2）单击确定按钮后即可调入图框，如图 1 - 23 所示。

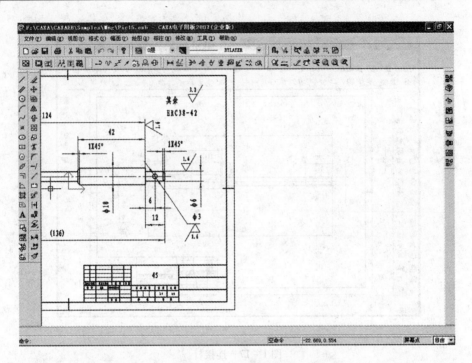

图 1-19 连接杆移动图

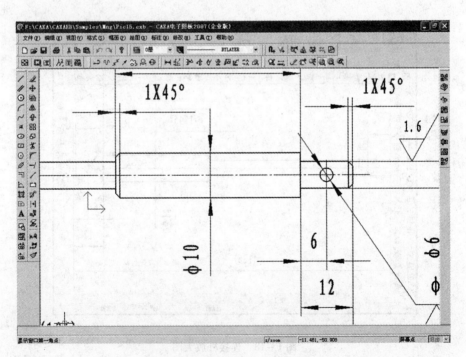

图 1-20 连接杆局部放大图

CAXA 电子图板也可以根据用户的需要自己确定图纸幅面,如图 1-24 所示,单击【幅面】菜单的【图幅设置】选"用户自定义",输入相应尺寸单击 确定 即可。另外,电子图板也可以进行图框的设置和定义。

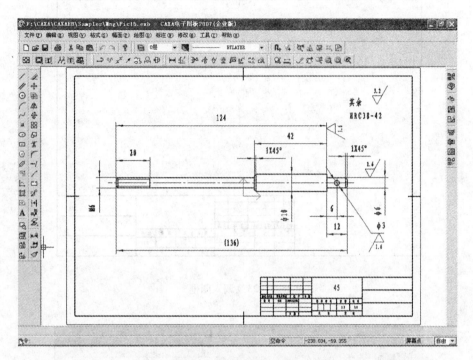

图 1－21　连接杆回溯

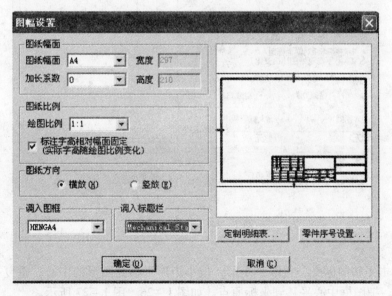

图 1－22　"图幅设置"对话框

电子图板定义图框的方法是：

（1）单击矩形图标▫，按需要的尺寸立即菜单取"两角点""有中心线"，以原点为第一点绘制矩形，例如在状态栏分别输入"891，420"和"871，400"，绘制两个矩形，如图 1－25 所示。

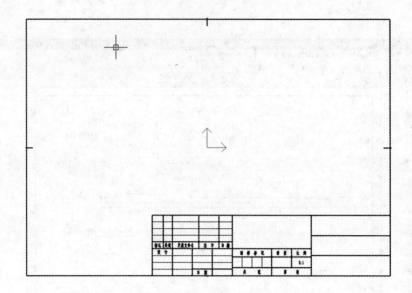

图 1 – 23　调入图框

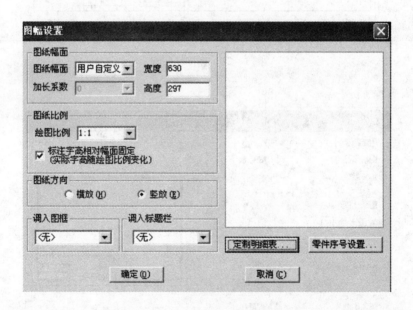

图 1 – 24　自定义图幅

（2）单击平移图标✛，拾取小矩形，把小矩形平移到图形的中心，重复平移命令拾取全部图框，把图框中心平移到坐标原点。如图 1 – 26、图 1 – 27 所示。

（3）单击✎图标删除矩形中心线，点取【幅面】菜单中的【定义图框】，拾取矩形为对象，立即菜单选"带图样代号框"，点选小矩形右下角为"基准点"，如图 1 – 28 所示。

（4）按提示拾取图样代号框内环点，单击。系统弹出"选择边框文件的幅面"的对话框，如图 1 – 29 所示。

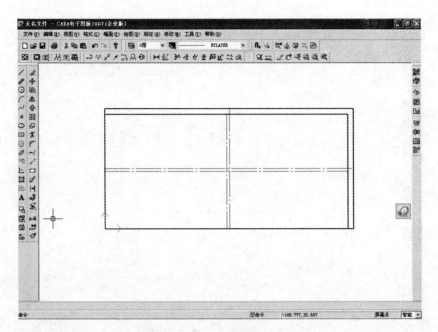

图 1-25　自定义图框（1）

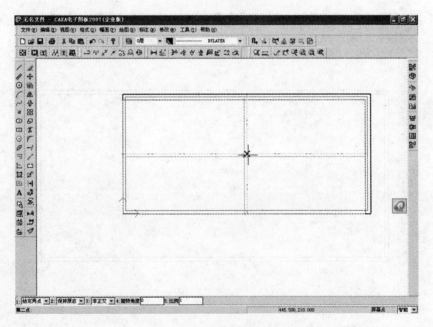

图 1-26　自定义图框（2）

　　（5）单击 取定义值 按钮，系统弹出"存储图框文件"对话框，输入定义名"横三号图加长 3 倍"，如图 1-30 所示。单击 确定 按钮。因为图框尺寸与国标一致，所以图框被存入横三号加长 3 倍中。如果图框是用户任选则图框被存入"用户自定义"中。

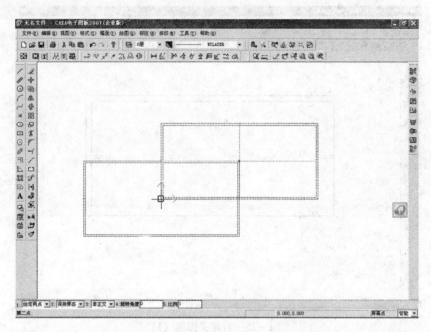

图 1 - 27　自定义图框（3）

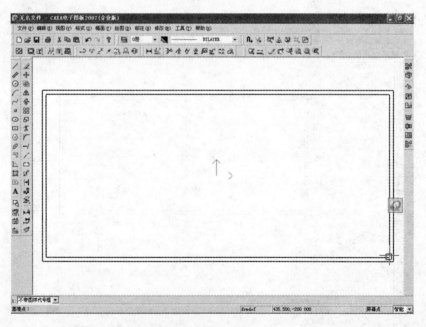

图 1 - 28　自定义图框（4）

如果在绘图中需要采用自定义图框，则操作步骤为：

（1）单击【幅面】→【图幅设置】，系统弹出"图幅设置"对话框，在"加长系数"栏选"3"，"图纸方向"栏选"横放"，"调入图框"栏选"横三号图加长 3 倍"，"调入标题栏"栏选"GB Standard"，如图 1 - 31 所示。

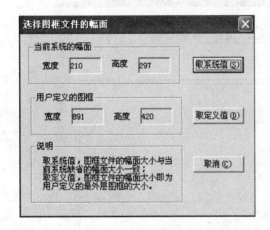

图 1 - 29　自定义图框（5）

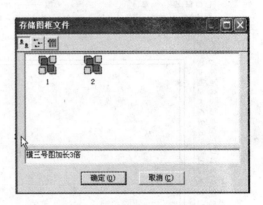

图 1 - 30　自定义图框（6）

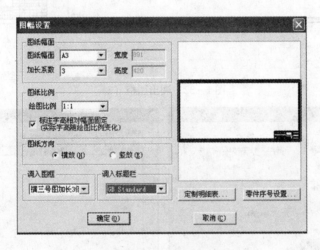

图 1 - 31　调出图框（1）

（2）单击 确定 按钮。"横三号图加长 3 倍"图框被调入绘图区，如图 1 - 32 所示。

七、图形转换

CAXA 电子图板还可以与 AutoCAD 图形转换，从而极大地方便了用户，达到了资源共享。AutoCAD 文件转换为 EXB 文件的方法是：

（1）单击【文件】→【DWG/DXF 批转换器】，系统弹出转换"设置"对话框，如图 1 - 33 所示。选取"将 DWG/DXF 文件转换为 EXB 文件"，单击 下一步 按钮，系统弹出"加载文件"对话框，如图 1 - 34 所示。选取 添加文件 按钮，到 AutoCAD2007 图形所在的相应路径选择要打开的图形如"autoCAD转换图.dwg"，如图 1 - 35 所示，然后单击 打开 按钮，系统弹出"加载文件"对话框，如图 1 - 36 所示。最后单击 开始转换 按钮即可完成图形转换。

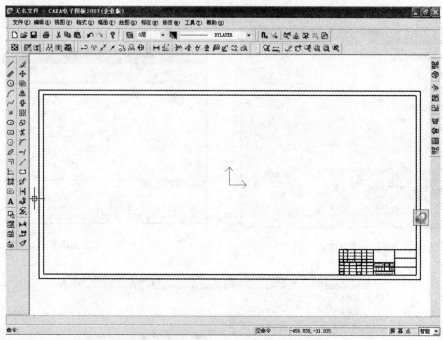

图 1－32　调出图框（2）

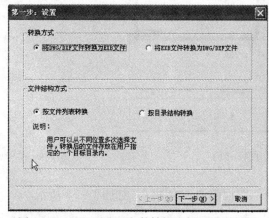

图 1－33　DWG/DXF 文件转换为 EXB 文件（1）

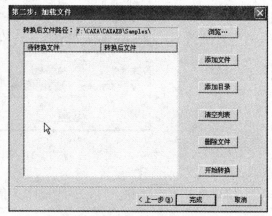

图 1－34　DWG/DXF 文件转换为 EXB 文件（2）

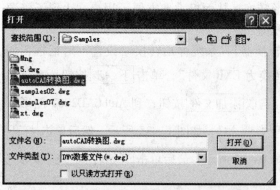

图 1－35　DWG/DXF 文件转换为 EXB 文件（3）

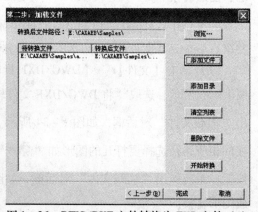

图 1－36　DWG/DXF 文件转换为 EXB 文件（4）

（2）单击打开图标 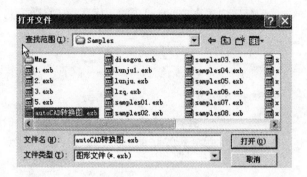，找到相应路径，选取"autoCAD转换图.exb"文件，单击 打开 按钮，图形被调入电子图板中，如图 1-37、图 1-38 所示。

图 1-37　DWG/DXF 文件转换为 EXB 文件（5）

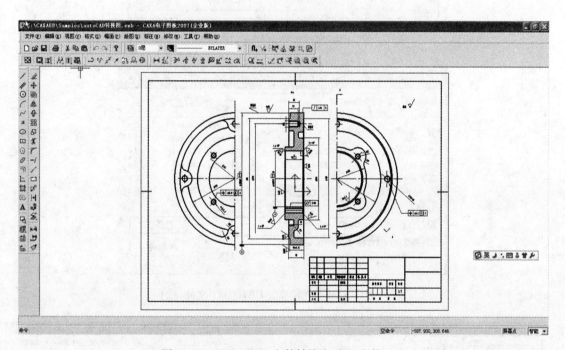

图 1-38　DWG/DXF 文件转换为 EXB 文件（6）

把 EXB 图形转换为 AutoCAD 图形的方法是：

（1）单击【文件】→【DWG/DXF 批转换器】，系统弹出转换"设置"对话框，选取"将 EXB 文件转换为 DWG/DXF 文件"，单击 下一步 按钮，系统弹出"加载文件"对话框。选取 添加文件 按钮，到 EXB 图形所在的相应路径选择要打开的图形如"samples02.exb"，单击 打开 按钮。系统弹出"加载文件"对话框。单击 开始转换 按钮即完成图形转换。如图 1-39 ~ 图 1-41 所示。

（2）打开 AutoCAD2007，单击打开图标 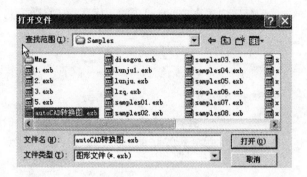，找到相应路径，如图 1-42 所示，点取

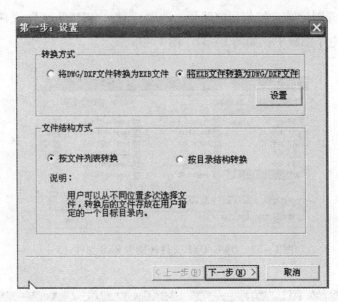

图 1-39 EXB 文件转换为 DWG/DXF 文件（1）

图 1-40 EXB 文件转换为 DWG/DXF 文件（2）

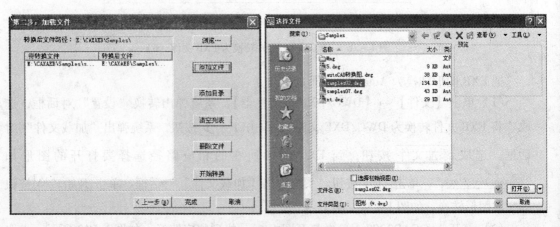

图 1-41 EXB 文件转换为 DWG/DXF 文件（3）　　　图 1-42 EXB 文件转换为 DWG/DXF 文件（4）

"⊞samples02.dwg"，单击 打开 按钮，则在 AutoCAD2007 中打开图形，如图 1-43 所示。

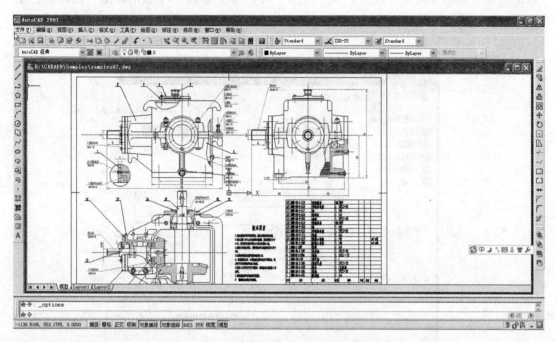

图 1-43　EXB 文件转换为 DWG/DXF 文件（5）

八、视图管理

视图管理工具可以把 CAXA 实体设计或 CAXA 制造工程师等实体图形调入电子图板。包括"读入标准视图"、"读入自定义标准视图"、"视图移动"、"视图打散"、"视图删除"、"生成视图"、"生成剖面图"、"生成局部剖视图"、"视图更新"等操作。比如：现在调入一个 CAXA 实体图形，单击"读入自定义标准视图"图标 ▣，系统弹出"导入视图文件类型"对话框，如图 1-44 所示，单击 确定 按钮，找到实体图形文件夹，选取相应的实体图形，单击 打开 按钮，系统弹出"自定义视图输出"对话框，单击其中的 确定

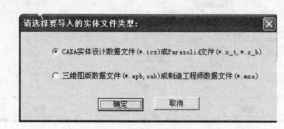

图 1-44　导入视图文件类型

按钮，则该图形调入界面。单击"读入标准视图"图标 ，选取相应视图，单击其中的
确定 按钮，则图形调入，如图 1 – 45 ~ 图 1 – 48 所示。单击"生成剖面图"图标 ，生
成剖面图。如图 1 – 49 所示。

图 1 – 45　查找实体图形文件夹

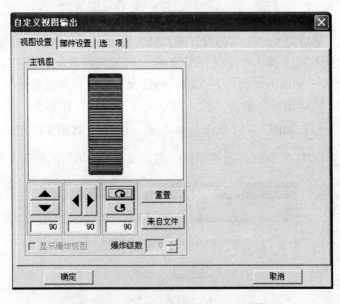

图 1 – 46　"自定义视图输出"对话框

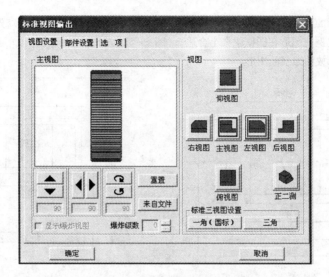

图 1 – 47　"标准视图输出"对话框

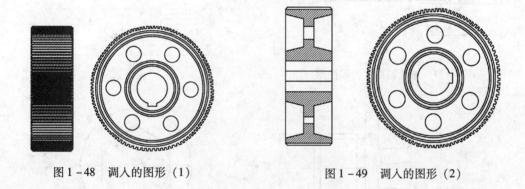

图 1 – 48　调入的图形（1）　　　　　　　　图 1 – 49　调入的图形（2）

习　　题

1. 试绘制图 1 – 50 中挡圈的剖面图并标注尺寸。

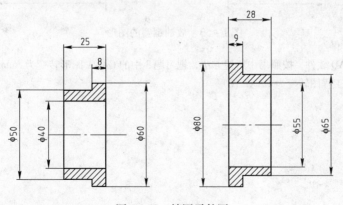

图 1 – 50　挡圈零件图

2. 绘制图 1 – 51 中减速器视孔盖零件图（其中内螺纹要用图库中的图符绘制），并标注各长度尺寸。

3. 根据习题2中盖板的尺寸，调入合适的图框并调入标题栏（注意：电子图板可以先绘图后调入图框，并通过改变图形比例使图形在图框中大小合适）（图1-52）。

4. 绘制图1-53所示放油螺塞的图形。

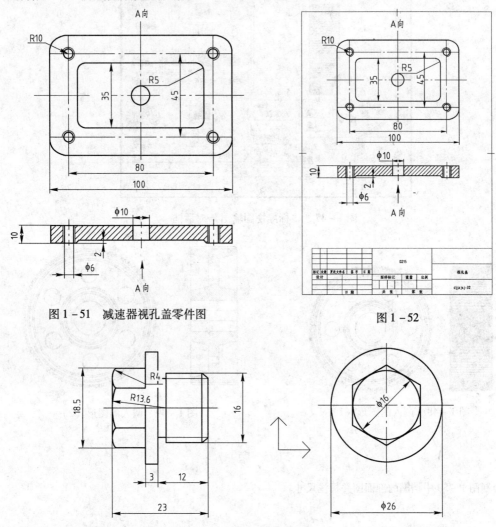

图1-51　减速器视孔盖零件图

图1-52

图1-53　放油螺塞的图形

5. 如果装有 AutoCAD 软件，按照书中所述方法，把习题3中的 CAXA 图形转变为 AutoCAD 图形；把 AutoCAD 中的二维工程图转变为 CAXA 图形。

课题二　轴类零件的设计

学习目标：

1. 掌握轴类零件图形绘制要点。
2. 熟悉轴类零件尺寸及公差的标注要点。
3. 掌握轴类零件图文字和技术要求的填写要点。
4. 熟悉轴类零件图符制作要点。

任务一　轴类零件图形绘制

轴类零件是机械设备中最通用的零件，电子图板专门定义了轴/孔的绘制图标 ⊕，因而绘制十分方便。下面就介绍轴类零件的具体绘制方法。绘制如图 2－1 所示减速机低速轴的零件图。

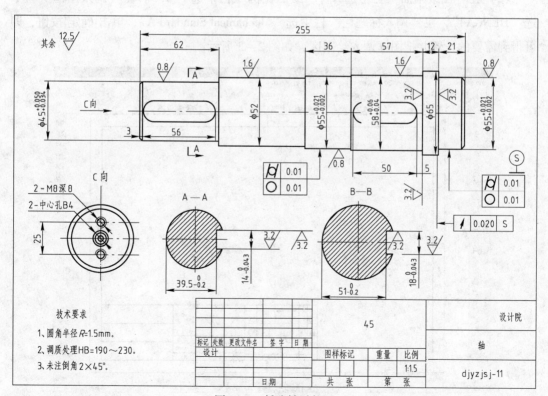

图 2－1　低速轴零件图

一、确定图幅和图样比例

根据零件的尺寸和国家标准，确定用 A4 幅面，1∶1.5 比例。具体操作步骤是：

（1）进入 CAXA 电子图板系统后，单击主菜单【幅面】→【图幅设置】或单击图标 🖿，出现如图 2−2 所示对话框。

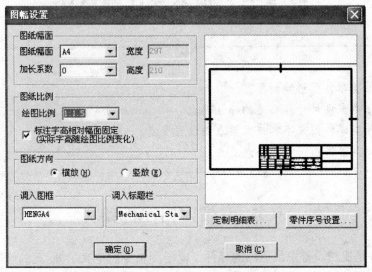

图 2−2　轴零件图图幅设置

（2）在"图纸幅面"栏中选 A4，"绘图比例"栏中选 1∶1.5。在"调入图框"栏中选"HENGA4"，在"调入标题栏"栏中选"Mechanical Standard A"，单击 确定 按钮，即可得到需要的设置并把图框调入绘图区，如图 2−3 所示。

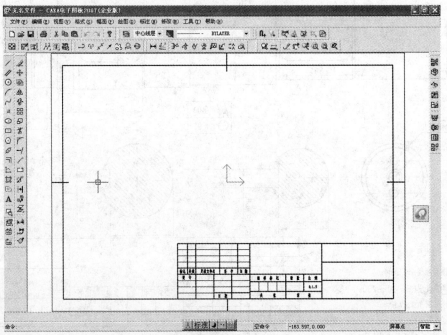

图 2−3　调入图框

二、绘制轴零件的形状

（1）单击【绘图】→【孔/轴】或图标 ✛，在绘图区点取合适位置作为初始点，系统弹出立即菜单。如图2-4所示。

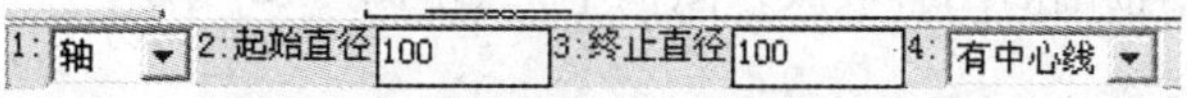

图2-4 绘制轴的立即菜单

（2）在立即菜单中单击"2：起始直径"中的空白，系统弹出如图2-5所示。

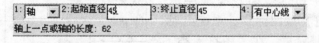

图2-5 系统给定的轴直径

输入起始直径45，单击"√"系统回到初始立即菜单  2：起始直径 45 。同样方法改变终止直径尺寸，输入该段轴的长度62后，右击或回车，则可绘出该轴段。如图2-6所示。

注意：在输入轴的起始和终止直径后，必须把鼠标移向轴的绘制方向，再输入轴的长度，否则，会向相反方向绘制轴。

图2-6 输入直径为45轴段的长度

（3）输入起始直径52、终止直径52、轴的长度67，右击或回车，则画得阶梯轴的第二段长度。如图2-7、图2-8所示。

（4）同理，可画得其他轴段，右击或回车，最后再右击一次，结束轴的绘制，可得轴外形图，如图2-9所示。

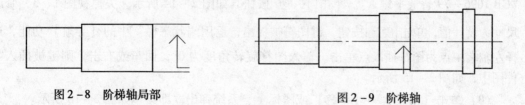

图2-7 输入直径为52轴段的长度

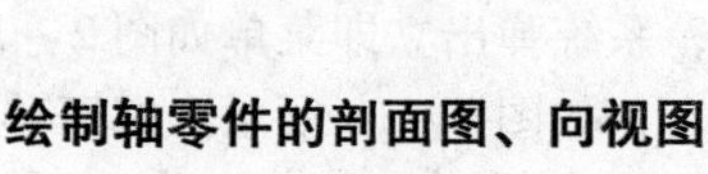

图2-8 阶梯轴局部

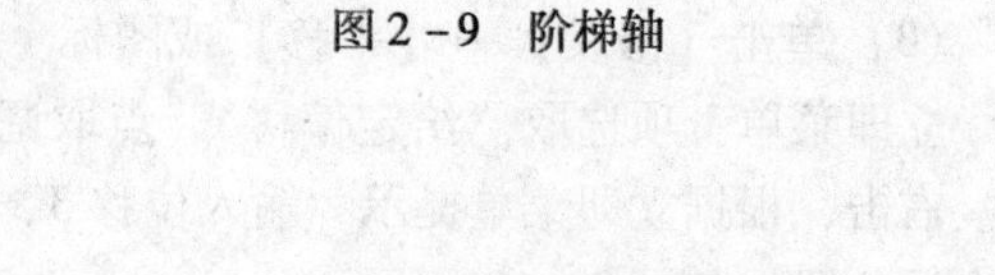

图2-9 阶梯轴

三、绘制轴零件的剖面图、向视图、键槽

（1）单击【绘图】→【库操作】→【提取图符】或图标 ⊞，系统出现如图2-10所示的提示框，在"图符大类"中选取【常用图形】，"图符小类"中选【常用剖面图】，"图符列表"中选"轴截面"。单击 下一步 按钮，通过拖动滚动条选取轴直径 44 一档，如图 2 - 11 所示。把 44 改为 45，关闭尺寸开关，单击 确定 按钮，选择合适位置，输入旋转角度数 270°，则轴剖面图就被放入图框中，如图 2 - 12 所示。

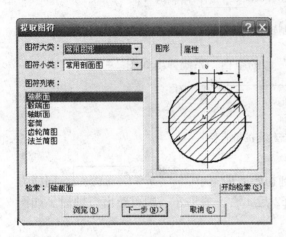

图 2 - 10　轴剖面的提取

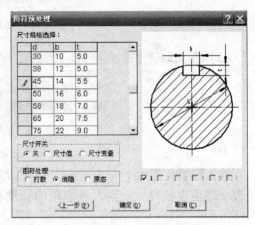

图 2 - 11　把直径 44 改到 45

同样方法，单击【绘图】→【库操作】→【提取图符】或图标，系统出现如图 2 - 11 所示提示框，在"图符大类"中选取【常用图形】，"图符小类"中选【常用剖面图】，"图符列表"中选"轴截面"。单击 下一步 按钮，拖动滚动条选取轴直径 58 一档，键宽改为 16。关闭尺寸开关，单击 确定 按钮，选择绘图区合适位置作为轴中心点，然后输入旋转角度数 270°，则轴剖面图就被放入图框中。

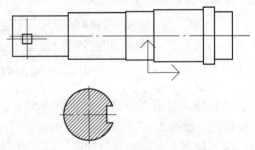

图 2 - 12　直径 45 的轴剖面被提出

（2）单击【绘图】→【库操作】→【提取图符】或图标，出现如图 2 - 13 所示提示框，在"图符大类"中选取【键】，"图符小类"中选【平键】，"图符列表"中选取"GB 1096—79 普通平键 A"。单击 下一步 按钮，如图 2 - 14 所示。关掉视图 1、3，修改尺寸为设计值，单击 确定 按钮，键图符被提出，运用"状态栏"中的【导航】功能，选择左轴端中点为图符插入点单击。输入图符旋转角度为 0°，回车或右击，则键被插入零件图中，如图 2 - 15 所示。

（3）单击【修改】→【平移】或图标，系统弹出立即菜单如图 2 - 16 所示。

立即菜单 1 项选取"给定偏移"，点取调入键图块，系统弹出立即菜单如图 2 - 17 所示。右击，根据立即菜单提示，输入位移 3，单击或回车，如图 2 - 18 所示。即可移动键到合适位置，如图 2 - 19 所示。

图 2 - 13　键的提取（1）

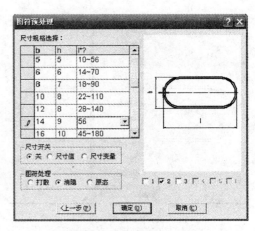

图 2 - 14　键的提取（2）

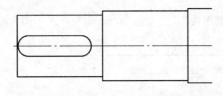

图 2 - 15　键插入

图 2 - 16　移动键立即菜单（1）

图 2 - 17　移动键立即菜单（2）

图 2 - 18　移动键立即菜单（3）

注意：编辑块，也可以运用选取"块在位编辑"，这时图块自动被打散，编辑完成后，点取【修改】→【块在位编辑】→【保存退出】，图形又自动形成新图块。

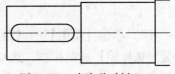

图 2 - 19　向右移动键 3mm

（4）单击键图块，右击，系统弹出编辑快捷菜单，如图 2 - 20 所示；点取"块打散"，则键块被打散，如图 2 - 21 所示。

（5）点取键的内环线，右击，系统弹出编辑快捷菜单，如图 2 - 22 所示；点取"删除"，则键槽被画出，如图 2 - 23 所示。同样步骤可以画出另一个键槽。

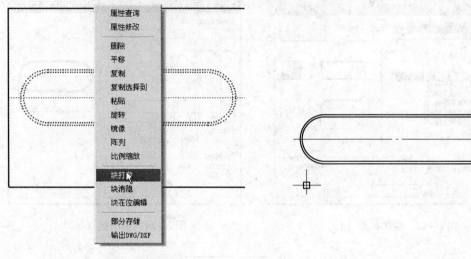

| 图 2－20　打散键图块 | 图 2－21　打散后的键 |

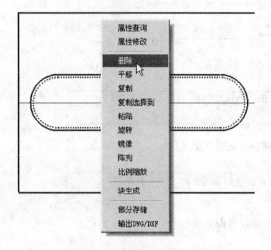
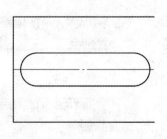

图 2－22　删除键的内环线　　　　　　　　图 2－23　修剪后的键槽

（6）单击【层控制】图标▤，系统弹出层控制对话框，点取"中心线层"，单击 设置当前图层 按钮，然后单击 确定 按钮，如图 2－24 所示。则当前层变为"中心线层"。

（7）单击【绘图】→【直线】或图标 ╱，绘制 C 向视图中心线，单击【修改】→【复制选择到】或图标▤，选 C 向视图水平中心线为对象右击，系统弹出立即菜单选"1""给定偏移"、"3""正交"，如图 2－25 所示。分别输入位移 ±12.5，回车。绘出螺纹中心线。

（8）改变当前层为"0 层"，单击【绘图】→【圆】或图标⊙，点取图中合适位置为圆心，立即菜单选"1""圆心"、"2""直径"、"3""有中心线"，分别输入直径 $\phi45$、$\phi52$，回车。画出 $\phi45$、$\phi52$ 两圆，如图 2－26 所示。

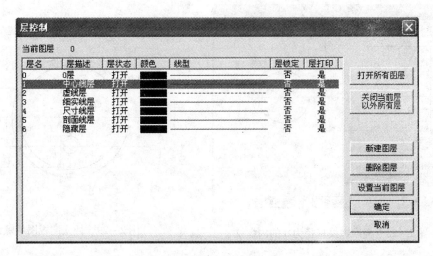

图 2 - 24　当前层设为中心线层

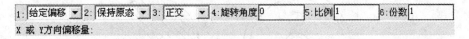

图 2 - 25　偏移立即菜单

（9）单击【绘图】→【库操作】→【提取图符】或图标⬚，系统弹出"提取图符"对话框，如图 2 - 27 所示，选【常用图形】中的【孔】"粗牙内螺纹"，单击 下一步 按钮，选螺纹直径为 8，如图 2 - 28 所示，单击 确定 按钮，则内螺纹被调入轴零件的 C 向视图中，如图 2 - 29、图 2 - 30 所示。

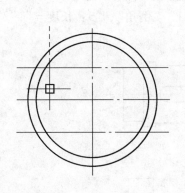

图 2 - 26　绘制 $\phi45$、$\phi52$ 两圆

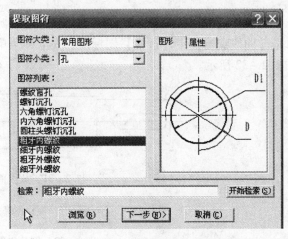

图 2 - 27　"提取图符"对话框

（10）单击【绘图】→【圆】或图标⊙，点取图中合适位置为圆心，立即菜单选"1""圆心 - 半径"、"2""直径"、"3""有中心线"，分别输入直径 $\phi4$，$\phi12.5$，$\phi8$ 回车，画出中心孔。

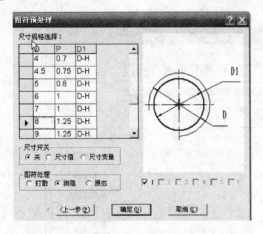

图2-28　提取螺纹直径为8的内螺纹

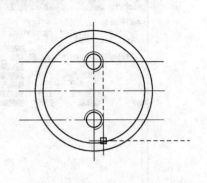

图2-29　插入向视图的螺纹孔

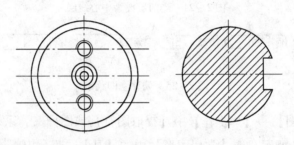

图2-30　C向视图

四、轴零件图形编辑

（1）单击【显示窗口】图标或用鼠标滚轮，把轴进行局部放大，如图2-31所示，单击【曲线编辑】中【过渡】图标，在立即菜单选"1""倒角"、"3：长度＝""2"，如图2-32所示。

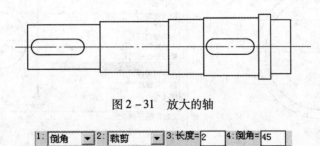

图2-31　放大的轴

| 1：倒角 ▼ | 2：裁剪 ▼ | 3：长度＝ 2 | 4：倒角＝ 45 |

图2-32　倒角立即菜单

（2）根据系统提示，选取要倒角的两边直线，即可得到倒角，同样方法可画得其他倒角，如图2-33所示。

（3）单击【显示窗口】图标或用鼠标滚轮，把轴进行局部放大，单击【曲线编辑】中【过渡】图标，在立即菜单中选取"1""圆角"，"2""裁剪始边"，"3：

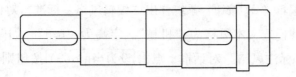

图 2 - 33　倒角后的轴

半径 = ""1.5",如图 2 - 34 所示。按提示点取第一

| 1:| 圆角 | ▼ | 2: | 裁剪始边 | ▼ | 3: 半径= | 1.5 |

条曲线和第二条曲线,如图 2 - 35、图 2 - 36 所示。

图 2 - 34　画圆角立即菜单

同样步骤可以绘出其他部分圆角。

(4) 单击【绘图】→【直线】图标 ✏,绘制倒角处的两直线,这样轴的图形就绘制出来了,如图 2 - 37 所示。

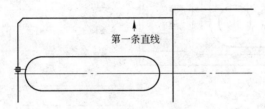

第一条直线

图 2 - 35　轴的圆角绘制 (1)

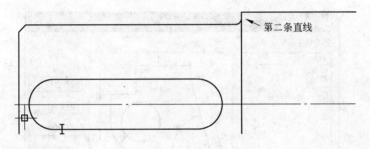

第二条直线

图 2 - 36　轴的圆角绘制 (2)

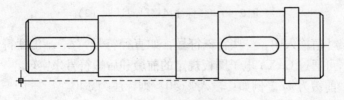

图 2 - 37　编辑后轴的图形

任务二　轴类零件尺寸及公差的标注

一、标注轴零件的直径尺寸及公差

(1) 单击【格式】→【标注风格】或图标 ,系统弹出"标注风格"对话框,如图

2－38所示。单击 编辑（E） 按钮，系统弹出"编辑风格－标准"对话框，根据要求选择合适的格式，这里我们选文本风格为"机械"，字高为"6.5"，如图2－39所示，单击 确定 按钮，返回"标注风格"对话框，点击 设为当前（S） 按钮则可得到需要的设置，如图2－40所示。

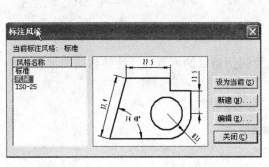

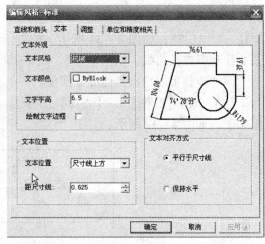

图2－38　"标注风格"对话框（1）   图2－39　"编辑风格－标准"对话框

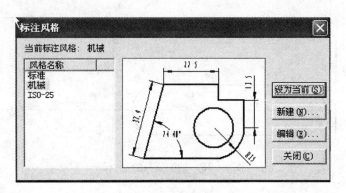

图2-40　"标注风格"对话框（2）

注意：在尺寸值输入中，一些特殊符号，如直径符号"ϕ"，角度符号"°"，公差的上下偏差值等，可通过 CAXA 电子图板规定的前缀和后缀符号来实现。

直径符号，前缀为%c。例如：输入%c40，则标注为$\phi 40$。

角度符号，后缀为%d。例如：输入30%d，则标注为30°。

公差符号±：前缀为%p。例如：输入50%p0.5，则标注为50 ± 0.5。

上、下偏差值：前缀为%＋或%－。例如：输入50%＋0.003%－0.013，则标注为$50^{+0.003}_{-0.013}$。

上、下偏差值后的后缀：后缀为%b。例如：输入%c50%＋0.003%－0.013%b 均布，则标注为$\phi 50^{+0.003}_{-0.013}$均布。

配合公差：前缀为%&。例如：输入%c50%&H7/h6，则标注为$\phi 50\dfrac{H7}{h6}$。

（2）单击【标注】→【尺寸标注】或图标 ⊢⊣，拾取第一个标注元素时，系统出现立即菜单 1，如图 2–41 所示。拾取第二个标注元素时，系统出现立即菜单 2，在立即菜单 2 选取"1""基本标注"，"3""直径"，拾取标注元素，"5：尺寸值"修改为（如果绘制不准）"%c45"，如图 2–42、图 2–43 所示。

1: 基本标注 ▼ 2: 文字平行 ▼ 3: 标注长度 ▼ 4: 直径 ▼ 5: 正交 ▼ 6: 文字居中 ▼ 7: 尺寸值 %c62
拾取另一个标注元素或指定尺寸线位置： dim

图 2–41　直径标注立即菜单 1

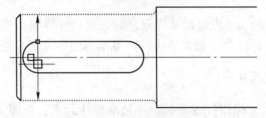

图 2–42　拾取标注元素

1: 基本标注 ▼ 2: 文字平行 ▼ 3: 直径 ▼ 4: 文字居中 ▼ 5: 尺寸值 %c45
尺寸线位置：

图 2–43　直径标注立即菜单 2

右击，系统弹出"尺寸标注属性设置"对话框，按要求填入相应公差值，如图 2–44 所示。

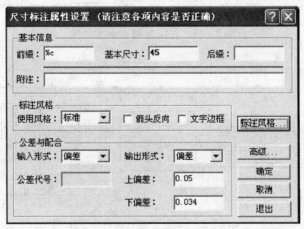

图 2–44　直径为 45 的轴径的公差标注（1）

（3）单击 正确 按钮。即可标出 φ45 的直径尺寸，如图 2–45 所示。

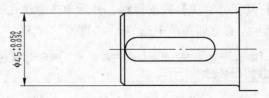

图 2–45　直径为 45 的轴径的公差标注（2）

（4）重复以上步骤可以标出其他直径尺寸，如图2-46所示。

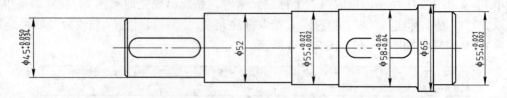

图2-46　标注轴的所有直径尺寸

注意：如果想标注的尺寸没有尺寸界限，应先画尺寸界限，然后再进行标注。当然，我们也可以运用"尺寸标注"立即菜单中的"基准标注"来满足绘图的要求。

二、标注轴零件的长度尺寸

单击【标注】→【尺寸标注】或图标，拾取标注元素，如图2-47所示，立即菜单选取"长度"，如果尺寸有误差，输入尺寸"62"，单击后即标出某轴径的长度。重复以上步骤可得其他长度尺寸，如图2-48所示。

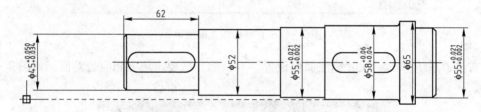

图2-47　直径为45轴段的长度

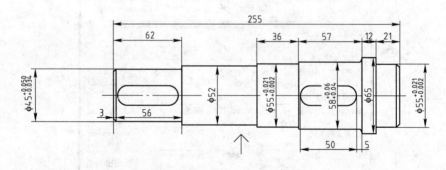

图2-48　轴的各段长度尺寸标注

三、标注轴零件的向视图及剖面尺寸

（1）单击【标注】→【尺寸标注】或图标，然后单击螺纹孔图块，系统弹出标注立即菜单，如图2-49所示。在立即菜单中选"2""直径"、"3""文字水平"，点取"6：

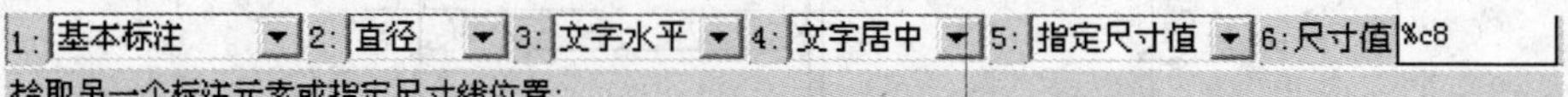

1：基本标注 ▼	2：直径 ▼	3：文字水平 ▼	4：文字居中 ▼	5：指定尺寸值 ▼	6：尺寸值%c8
拾取另一个标注元素或指定尺寸线位置：					

图2-49　螺纹孔标注立即菜单

尺寸值"数值框，如图 2－50 所示改尺寸值为"2－M8 深 8"。点取"√"系统返回立即
菜单，如图 2－51 所示。

图 2－50　螺纹孔标注立即菜单

1：基本标注 ▼ 2：直径 ▼ 3：文字水平 ▼ 4：文字居中 ▼ 5：指定尺寸值 ▼ 6：尺寸值 2-M8深8
拾取另一个标注元素或指定尺寸线位置：

图 2－51　螺纹孔标注立即菜单

（2）根据立即菜单上的提示，在图纸上选择合适的位置，可绘出相应的标注，如图
2－52 所示。

（3）同样步骤，可标得中心孔，如图 2－53 所示。

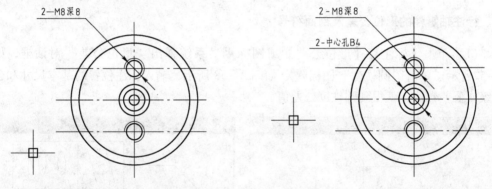

图 2－52　螺纹孔标注　　　　　　　　　　图 2－53　中心孔标注

（4）单击【标注】→【尺寸标注】或图标 ⊢⊣，以两螺栓孔中心线为界限，标注两螺栓
中心孔间距，如图 2－54 所示。

（5）把当前层改为"细实线层"，单击【绘图】→【直线】或图标 ／，绘制剖面图中
的尺寸界限，单击【标注】→【尺寸标注】或图标 ⊢⊣，标注直径为 45 轴段的剖面尺寸，如
图 2－55 所示。

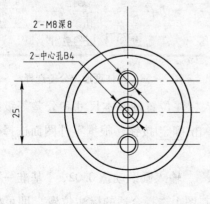

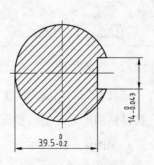

图 2－54　两螺栓中心孔间距标注　　　　　图 2－55　直径为 45 轴段剖面标注

（6）同样方法，可标得直径为 58 轴段的剖面尺寸，如图 2－56 所示。

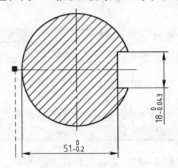

图 2－56 直径为 58 轴段的剖面尺寸标注

    注意：为了使尺寸标注准确，在拾取尺寸界限时，应对图形进行局部放大。尤其是采用"基准标注"时。

四、标注轴零件的形位公差及剖面符号

    （1）单击【标注】→【形位公差】或图标，系统弹出"形位公差"对话框，如图 2－57 所示。单击"圆柱度"图标，如图 2－58 所示，输入标注位置的基本尺寸和公差等级或公差数值，就得到圆柱度公差值。

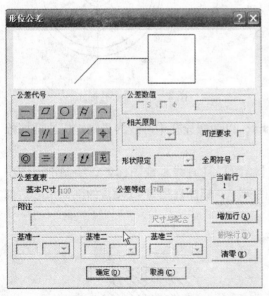 

图 2－57   "形位公差"对话框   图 2－58   圆柱度形位公差选择

    单击"增加行"。单击"圆度"图标，输入标注位置的基本尺寸和公差等级或公差数值，就得到圆度公差值，如图 2－59 所示，单击 确定 按钮，根据零件图面选择合适的标注位置。如图 2－60 所示。

    （2）单击形位公差对话框中"圆跳动"图标，输入圆跳动值 0.02，"基准一"中选 S 为基准，如图 2－61 所示，单击 确定 按钮，在图上选择合适的标注位置。即可标出

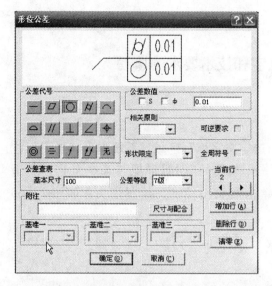

图 2-59　"圆度"形位公差选择

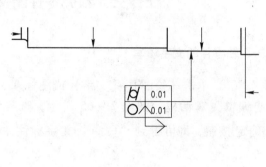

图 2-60　零件图上的形位公差

圆跳动公差，如图 2-62 所示。同样步骤可以画出其他形位公差标注。

图 2-61　圆跳动形位公差选择

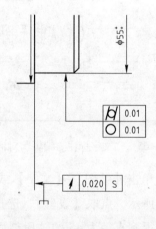

图 2-62　圆跳动形位公差

（3）单击【标注】→【剖切符号】或图标🔳，画剖切面轨迹，右击，选定剖切方向单击，如图 2-63 所示，确定标注符号位置单击，右击，如图 2-64 所示。同样步骤可以画

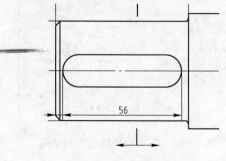

图 2-63　剖面标注（1）

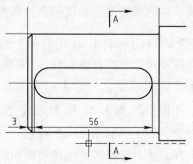

图 2-64　剖面标注（2）

出剖面 B – B，区别是剖面符号由 A 改为 B。

任务三　轴类零件图文字和技术要求的填写

一、轴零件的文字填写

（1）单击【绘图】→【文字】或图标 **A**，选定文字填写区域，系统弹出"文字标注与编辑"对话框，如图 2 – 65 所示，选择字高为 7，在编辑框填写文字 C 向，单击 确定 按钮，即可得到"C 向"文字标注。单击箭头图标 ↗，绘制箭头，如图 2 – 66 所示。

图 2 – 65　"文字标注与编辑"对话框

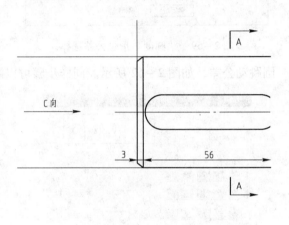

图 2 – 66　C 向文字标注

（2）单击【绘图】→【文字】或图标 **A**，系统弹出"文字标注与编辑"对话框，如图 2 – 65 所示，点取【设置】，选择字号为 7，在编辑框填写文字 A – A，单击 确定 按钮，即可得到直径为 45 的轴段剖面文字注释。同样方法可以得到直径为 58 的轴段剖面文字注释。

二、轴零件的粗糙度、标注基准、倒角填写

（1）单击【标注】→【粗糙度】或图标 ∀，选取立即菜单中的"标准标注"，系统弹出"表面粗糙度"对话框，如图 2 – 67 所示，选粗糙度值"下限值"为 3.2，单击 确定 按钮，选定标注位置，双击，如图 2 – 68 所示。

同样方法，可标注其他位置的粗糙度。

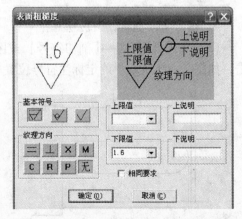

图 2 – 67　"表面粗糙度"对话框

（2）单击【标注】→【倒角标注】图标 ⊬，标注 2 × 45°倒角。单击【标注基准】图标

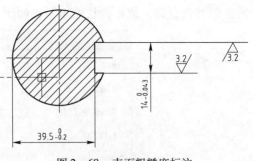

，系统弹出立即菜单，改变基准名称为 S，拾取定位点就可标出基准 S。

三、轴零件的技术要求填写

（1）单击【绘图】→【库操作】→【技术要求库】或图标 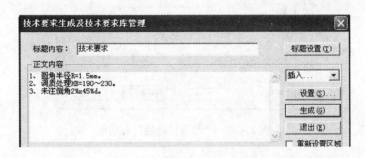 ，系统弹出如图2-69所示的对话框，填写技术要求，如图2-69所示。

图2-68　表面粗糙度标注

图2-69　"技术要求生成及技术要求库管理"对话框

（2）单击 设置 按钮重新设置字型字号，如图2-70所示。"选择关联风格：机械""字高：5"，单击 确定 按钮，系统回到技术要求对话框。

（3）单击 生成 按钮，在图中选择合适的位置，即生成输入的技术要求，如图2-71所示。

图2-70　文字标注参数设置

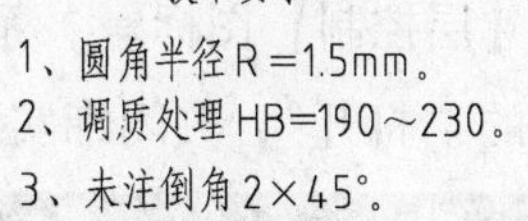

技术要求

1、圆角半径 R=1.5mm。

2、调质处理 HB=190～230。

3、未注倒角2×45°。

图2-71　轴技术要求

四、轴零件的标题栏填写

单击【幅面】→【填写标题栏】或图标 ，系统出现如图2-72所示对话框，填写后

单击 确定 按钮，即完成标题栏的填写，如图2-73所示。

图2-72 "填写标题栏"对话框

图2-73 填写的标题栏

任务四 轴类零件图符制作

一、关闭图层

单击【层控制】图标，系统弹出"层控制"对话框，如图2-74所示，双击"层状态"中的"打开"，关闭细实线、虚线、尺寸线等图层，如图2-75所示。单击 确定

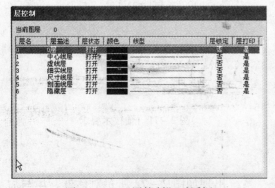

图2-74 "层控制"对话框

图2-75 关闭虚线、细实线图层

按钮后可得如图 2 – 76 所示。

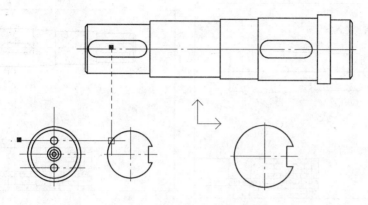

图 2 – 76　关闭图层后轴的图形

二、制作轴零件的图符

（1）单击【绘图】→【库操作】→【定义图符】或图标▣，系统弹出立即菜单，输入图符的视图个数 4，选择主视图为第 1 视图，指定左轴头中心线为基准点；选择向视图为第 2 视图，指定圆心为基准点，选择 $\phi45$ 剖面为第 3 视图，指定圆心为基准点，选择 $\phi58$ 剖面为第 4 视图，指定圆心为基准点。右击后系统弹出如图 2 – 77 所示对话框，填写对话框，如图 2 – 78 所示，单击 确定 按钮。

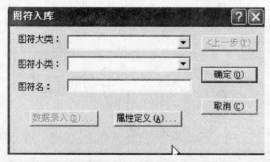

图 2 – 77　"图符入库"对话框（1） 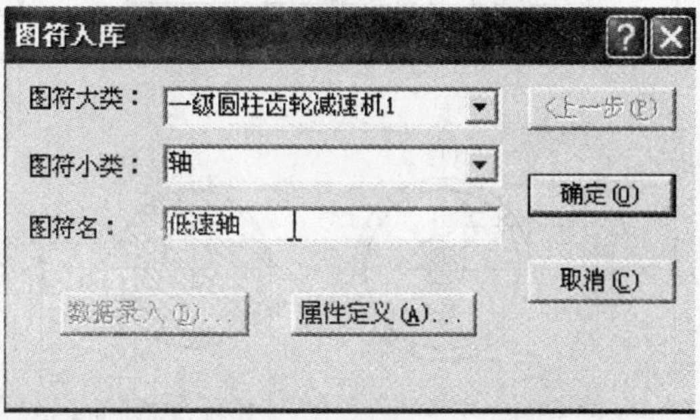　　　　图 2 – 78　"图符入库"对话框（2）

（2）如果需要提取轴的图符则可以点取【提取图符】图标▣，系统出现"提取图符"对话框，单击 下一步 按钮，如图 2 – 79、图 2 – 80 所示，就可以提取图标。如图 2 – 81、图 2 – 82 所示。右击则结束命令。

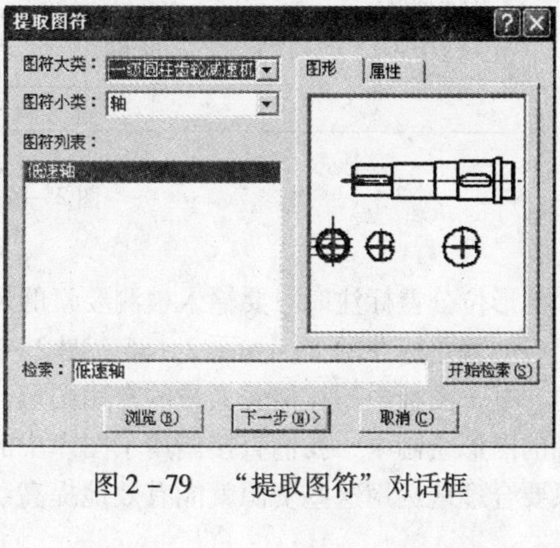

应该指出的是，电子图板中还存储着"公差与配合国家标准"，在实际使用中只要输入零件的基本偏差符号和公差等级系统就会自动地按国家标准将相应的尺寸偏差标注在图上，如图 2 – 83、图 2 – 84 所示。

图 2 – 79　"提取图符"对话框

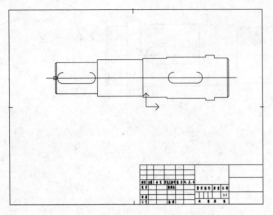

图 2-80　提取图符　　　　　　　　　　图 2-81　提取轴的第一个图符

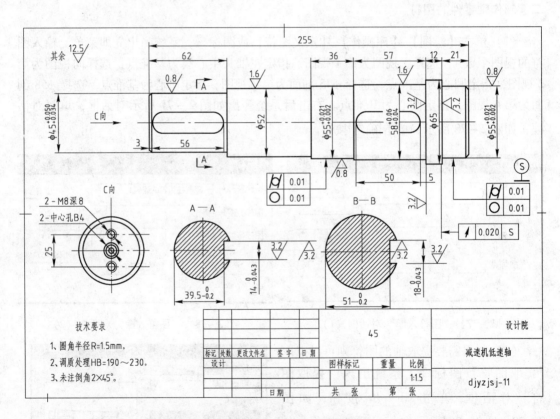

图 2-82　轴的零件图

　　形位公差标注时只要输入被测要素的尺寸和公差等级，系统也会自动地按国家标准将相应的偏差标在图上，如图 2-85、图 2-86 所示。

　　电子图板中还存储着大量的常用图形，如何有效地利用这些资源提高绘图速度呢？在轴的图形绘制中，我们直接调用了图库中的键的图符，使键的绘制便捷高效，因此绘图中只要合理地运用这些资源就能有效地提高绘图速度。

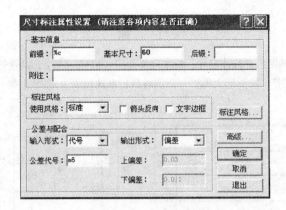

图 2 – 83 尺寸公差标注示例（1）

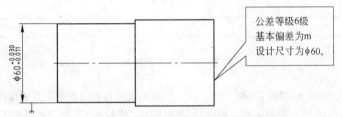

图 2 – 84 尺寸公差标注示例（2）

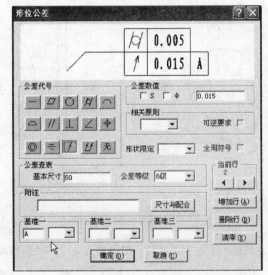

图 2 – 85 形位公差标注示例（1）

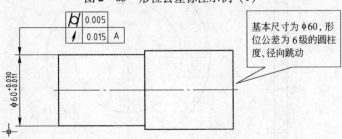

图 2 – 86 形位公差标注示例（2）

习　题

1. 绘制图2-87中阶梯轴图形并标注尺寸，标注风格选用"机械"文字，高度选5.5（注意：其中一个键是楔键），并制作图符，按图形大类"一级圆柱齿轮减速机2"、图形小类"轴"、图形列表"高速轴"存盘。

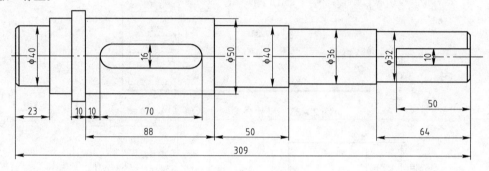

图2-87　阶梯轴图形

2. 运用孔/轴图标 ⊕ 功能，绘制图2-88（1）、（2）中减速机密封盖的图形。并制作图符，按图形大类"一级圆柱齿轮减速机1"、图形小类"附件"、图形列表"密封盖1"和"密封盖2"存盘。

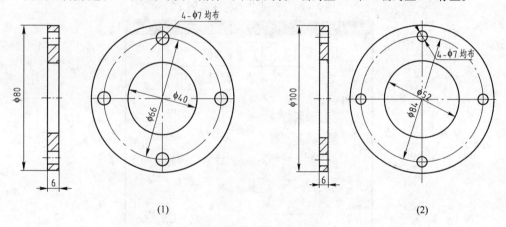

(1)　　　　　　　　　　　　　　　　(2)

图2-88　减速机密封盖的图形

3. 绘制图2-89中放油垫片的图形，并制作图符，按图形大类"一级圆柱齿轮减速机1"、图形小类

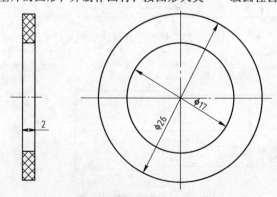

图2-89　放油垫片的图形

"附件"、图形列表"垫片"存盘。

4. 绘制图2-90所示的减速机轴零件图，并制作图符，按图形大类"一级圆柱齿轮减速机2"、图形小类"轴"、图形列表"低速轴"存盘。

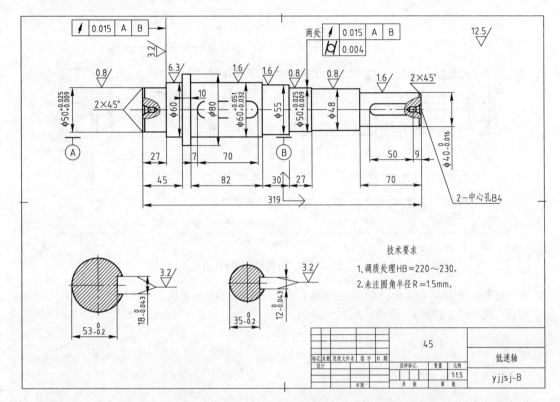

图2-90　减速机轴零件示意图

5. 绘制图2-91中的油标图形，并制作图符，按图形大类"一级圆柱齿轮减速机1"、图形小类"附件"、图形列表"油标"存盘。

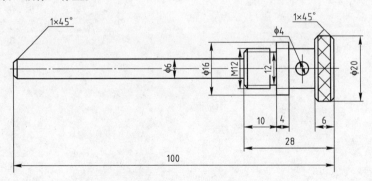

图2-91　油标图形

6. 绘制图2-92中齿轮轴的图形，标注尺寸及形位公差，并制作图符，按图形大类"一级圆柱齿轮减速机1"、图形小类"轴"、图形列表"齿轮轴"存盘。

7. 制作课题一习题中的视孔盖、放油螺塞等零件图符，按图形大类"一级圆柱齿轮减速机1"、图形小类"附件"、图形列表"视孔盖"和"放油螺塞"存盘。

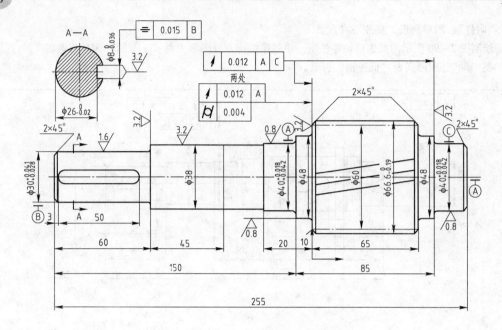

图 2-92　齿轮轴的零件

8. 制作把课题一中的习题1两挡圈的图符图形大类"一级圆柱齿轮减速机2"、图形小类"附件"、图形列表"挡圈1""挡圈2"存盘。

课题三　盘类零件的绘制

学习目标：

1. 掌握盘类零件形状的绘制要点。
2. 熟悉端盖零件尺寸及公差的标注要点。
3. 掌握端盖零件技术要求及标题栏的填写要点。
4. 熟悉端盖零件图符制作要点。

盘类零件也是机械工程中的通用零件，这类零件因为具有对称性，所以在绘制时，只要熟练运用镜像命令，就会比较方便地绘制出图形。下面我们介绍图 3 – 1 所示的轴

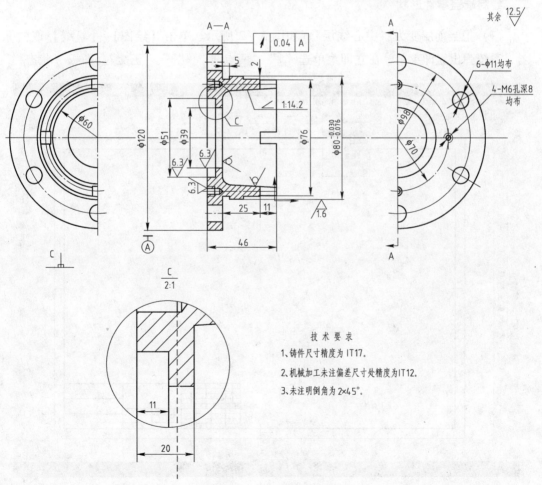

图 3 – 1　轴承端盖

承端盖的绘制方法。由于上一课题已经比较详细地显示了各个绘图工具条和菜单里的图符名称功能及用法，为了简明扼要说明问题，从本课题起将采用相对简要的方式来叙述绘图步骤。

任务一　盘类零件形状的绘制

一、确定图幅和图样比例

（1）进入 CAXA 电子图板系统后，单击主菜单【幅面】→【图幅设置】或图标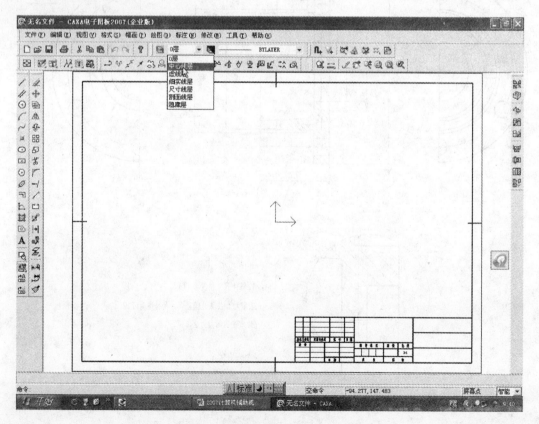，出现"图幅设置"所示对话框。

（2）根据对话框提示和零件的尺寸，在"图纸幅面"栏中选 A3，"绘图比例"栏中选 1∶1。在"调入图框"栏中选"HENGA3"，在"调入标题栏"中选"Mechanical Standard A"，单击 确定 按钮，即可得到需要的设置并把图框调入绘图区。

二、绘制端盖零件形状

（1）把当前层变为"中心线层"，如图 3－2 所示。单击【绘图】→【直线】或图标 ，系统弹出立即菜单，在立即菜单选"1""两点线"、"3""正交"。图板"状态栏"

图 3－2　直接单击下拉菜单改变当前图层

选"导航",如图 3-3 所示,选图板空间的适当位置,画一条水平直线,确定端盖两个视图的水平中心位置。

图 3-3　画两点直线的下拉菜单及状态栏

（2）用上述方法把当前层变为"0 层",单击【绘图】→【平行线】或图标 ╱,立即菜单选"1""偏移方式"、"2""单向",如图 3-4 所示。点取以水平点划线为对象,分别输入 60 回车、40 回车、25.5回车、19.5 回车、4 回车。

注意:绘制平行线时,选定绘制对象后,必须把鼠标移向绘制方向,然后输入数值回车。

图 3-4　画平行直线的
立即菜单

（3）单击【绘图】→【直线】或图标 ╱,在立即菜单选"1""两点线"、"3""正交"。图板"状态栏"选"导航",绘制一条垂直直线。

（4）单击【绘图】→【平行线】或图标 ╱,立即菜单选"1""偏移方式"、"2""单向",以垂直线为对象,输入 46 回车、10 回车、35 回车、5.5 回车、24 回车。右击结束画直线命令,如图 3-5 所示。

（5）单击【修改】→【裁剪】或图标 ，对图形进行编辑,对独立的线段删除,选取后右击,系统弹出快捷菜单,点取"删除"即可,如图 3-6 所示。

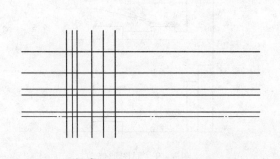

图 3-5　需编辑的透盖主视图草图

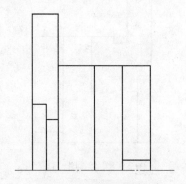

图 3-6　修剪后的端盖

（6）单击【绘图】→【库操作】→【构件库】或图标 ，系统弹出"构件库"对话框,如图 3-7 所示。选择"单边洁角"单击 确定 按钮,对话框消失。分别点击立即菜单"1:槽深度 D"输入"2"、"2:槽宽度 W"输入"5"。点取被切槽要素,则可画出退刀槽,如图 3-8 所示。

（7）单击【绘图】→【平行线】或图标 ╱,以端盖与箱体轴承孔边线为对象,立即菜单选"1""偏移方式"、"2""单向",输入 2 回车。以图形左边第二垂直线为对象,补画上透盖画退刀槽时删除的线段。把当前层改为"中心线层",选水平点划线为对象,输入 35 回车,49 回车,右击,则确定螺栓孔和螺纹孔在端盖上的位置。单击【修改】→【裁剪】或图标 ，对图形进行修改,如图 3-9 所示。

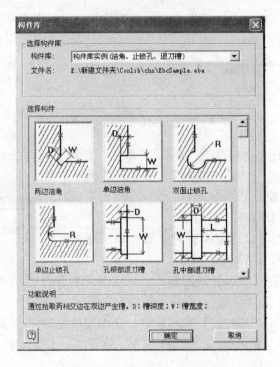

图 3 - 7　"构件库"对话框

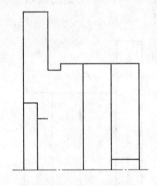

图 3 - 8　绘制退刀槽

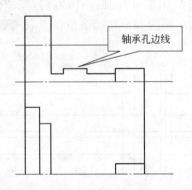

图 3 - 9　对图形修改

（8）单击【绘图】→【库操作】→【提取图符】或图标🏷，系统弹出"提取图符"对话框，选取【常用图形】中的【孔】"螺纹盲孔"，如图 3 - 10 所示，单击 下一步 按钮。系统出现"图符预处理"对话框，通过"滚动条"选取螺纹盲孔直径，改直径 5 为 6，如图 3 - 11 所示，单击 确定 按钮。螺孔被调入主视图中，如图 3 - 12 所示。

（9）单击【绘图】→【直线】或图标

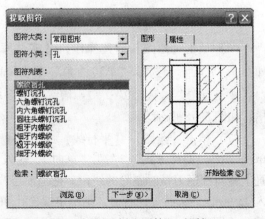

图 3 - 10　"提取图符"对话框

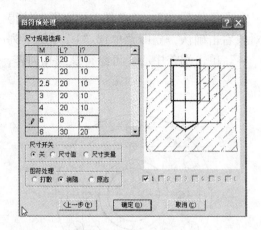

图 3 - 11　选取螺纹盲孔

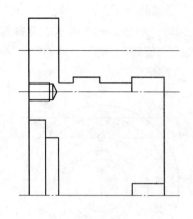

图 3 - 12　调入螺纹孔

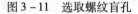，选择合适的位置绘制垂直线，确定左视图中心位置。单击【绘图】→【圆】或图标 ⊕，立即菜单选 "1" "圆心 – 半径"、"2" "半径"，以左视图中心为圆心，分别输入半径 49 回车、35 回车。把当前层改为 "0" 层，输入半径 60 回车、25.5 回车、19.5 回车。以半径为 49 的点划线圆与垂直中心线交点为圆心，单击【绘图】→【圆】或图标 ⊕，输入半径 5.5 回车，如图 3 – 13 所示。

（10）单击【绘图】→【库操作】→【提取图符】或图标 器，在提取图符对话框

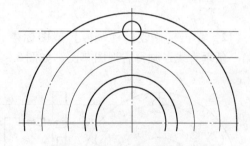

图 3 - 13　绘制的左视图外圆

中，选取【常用图形】中的【孔】"粗牙内螺纹"，如图 3 - 14 所示，单击 下一步 按钮。通过移动 "滚动条"，选取直径为 6 的螺纹，如图 3 - 15 所示，单击 确定 按钮，内螺纹孔被调入图中。

图 3 - 14　提取内螺纹孔

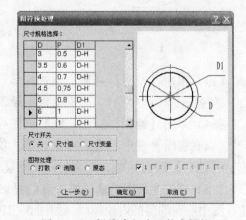

图 3 - 15　提取直径为 6 的内螺纹

（11）单击【修改】→【列阵】或图标 品，选择螺栓孔为对象右击确认，立即菜单选

"1""圆形列阵"、"2""旋转"、"3""均布"、"4：份数""6"，单击端盖中心即可绘得螺栓孔列阵，如图 3 – 16 所示。选择螺纹孔为对象右击确认，立即菜单选"1""圆形列阵"，"2""旋转"，"3""均布"，"4：份数""4"单击端盖中心。可绘得螺纹孔列阵，如图 3 – 17 所示。

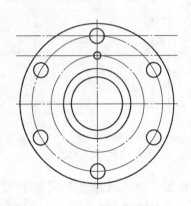
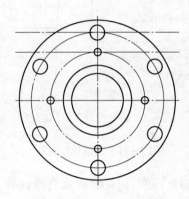

图 3 – 16　螺栓孔列阵（1）　　　　　　　图 3 – 17　螺纹孔列阵（2）

（12）单击【修改】→【镜像】或图标 ⚄，选择左视图为对象，右击，单击主视图右边第一条垂直线，画得右视图草图，如图 3 – 18 所示。

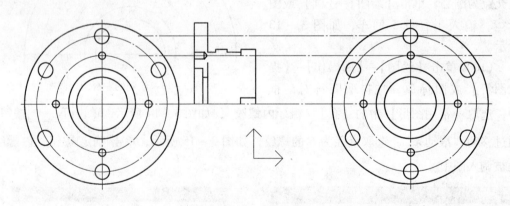

图 3 – 18　镜像后的端盖

（13）单击【绘图】→【圆】或图标 ⊙，以右视图中心为圆心，立即菜单选"1""圆心 – 半径"、"2""半径"，分别输入半径 38 回车、32.25 回车、30 回车、40 回车。

（14）单击【绘图】→【平行线】或图标 ∥，立即菜单选"1""偏移方式"、"2""双向"，以右视图垂直中心线为对象，输入位移 4 回车，从而绘制出油槽宽度。单击【修改】→【裁剪】或图标 ✂，配合使用删除 ✐ 功能，修剪右视图。

（15）确定主视图上输油槽边缘的投影位置。单击【绘图】→【直线】或图标 ✐，在主视图中绘制端盖的内轮廓线，如图 3 – 19 ~ 图 3 – 21 所示。

（16）由机械制图中高平齐原则，绘出在主视图中的输油槽形状，如图 3 – 22、图3 – 23所示。

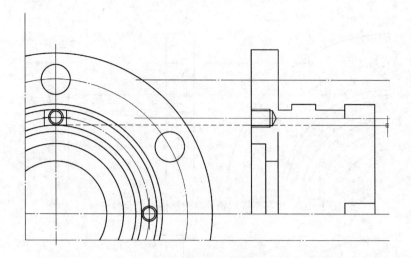

图 3-19　确定端盖的内轮廓线的投影位置（1）

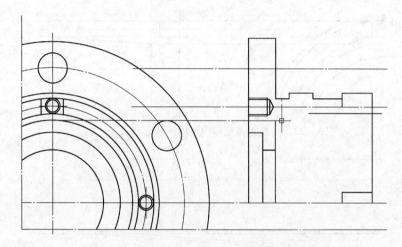

图 3-20　确定端盖的内轮廓线的投影位置（2）

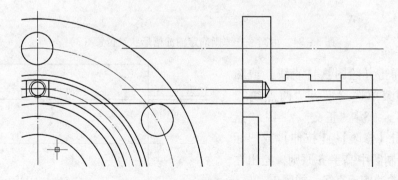

图 3-21　绘制端盖的内轮廓线

（17）单击【绘图】→【平行线】或图标╱，立即菜单选"1""偏移方式"、"2""单向"，绘制输油槽在主视图上的投影线，如图 3-24 所示。立即菜单选"1""两点线"、"2""连续"、"3""正交"、"4""点方式"。绘制主视图中输油槽内侧边线，如图 3-24 所示。

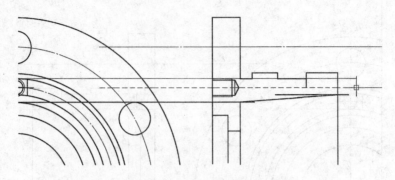

图 3 – 22　由高平齐原则确定输油槽形状及位置（1）

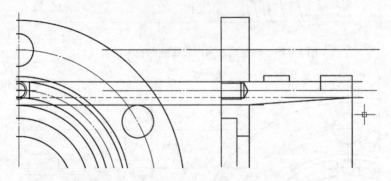

图 3 – 23　由高平齐原则确定输油槽形状及位置（2）

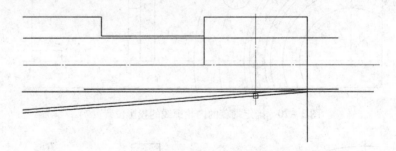

图 3 – 24　由高平齐原则确定输油槽形状及位置（3）

（18）单击【绘图】→【直线】或图标 ✎，立即菜单选"1""两点线"、"2""连续"、"3""正交"、"4""点方式"。单击【修改】→【拉伸】或图标 ✎，由机械制图中高平齐原则，绘出在右视图中的输油槽垂直线，如图 3 – 25 ～图 3 – 28 所示。

（19）单击【修改】→【裁剪】或图标 ✂，配合使用删除 ✎ 功能，对两视图中输油槽图形进行修改编辑，如图 3 – 29、图 3 – 30 所示。

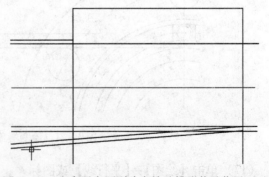

图 3 – 25　由高平齐原则确定输油槽形状及位置（4）

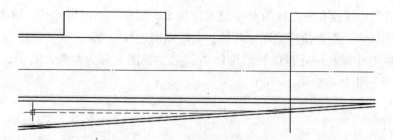

图 3 – 26　由高平齐原则确定输油槽形状及位置（5）

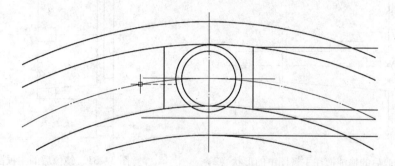

图 3 – 27　由高平齐原则确定输油槽形状及位置（6）

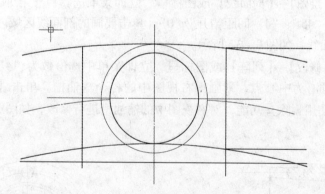

图 3 – 28　由高平齐原则确定输油槽形状及位置（7）

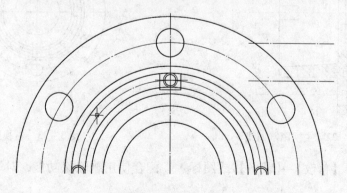

图 3 – 29　修改后的输油槽在右视图中的形状（1）

（20）单击【绘图】→【平行线】或图标，立即菜单选"1""偏移方式"、"2""双

向"，以主视图中螺栓孔中心线为对象输入位移5.5回车。画出螺栓孔。单击【修改】→
【裁剪】或图标✄，配合使用删除✐功能，对输油槽进行修改。

（21）单击【修改】→【镜像】或图标⚎，选主视图上部为对象，右击，单击水平中
心线，如图3-31所示。

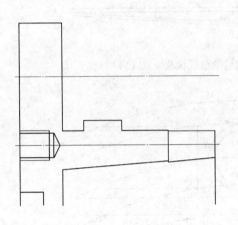

图3-30 修改后的输油槽在主视图中的形状（2）

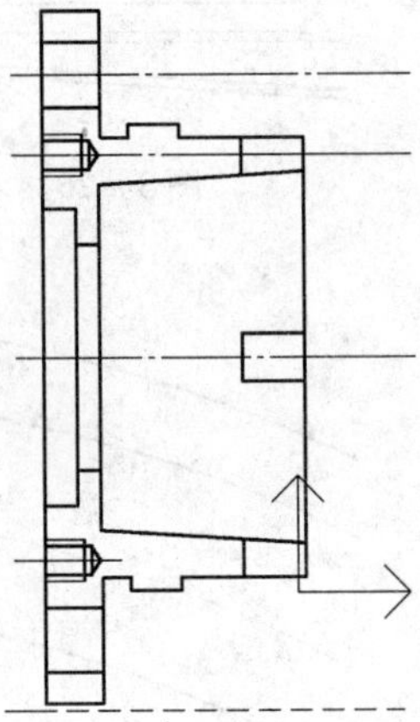

图3-31 镜像后的主视图

（22）单击【绘图】→【剖面线】或图标▨，立即菜单选"1""拾取点"、"2：比例"
"3"、"3：角度""45"、"4：间距错开""0"，单击要画的剖面线区域内部，右击。绘出
在主视图中的剖面线，如图3-32所示。

（23）单击【修改】→【列阵】或图标▦，立即菜单中选份数为"4"，选择油槽为对
象，右击，选择圆心为中心点，则画得右视图中的各个输油槽。单击【修改】→【裁剪】
或图标✄，配合使用删除✐功能，对右视图中的输油槽进行修改，如图3-33所示。

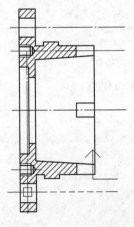

图3-32 主视图剖面线

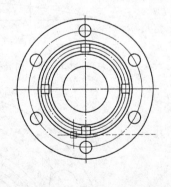

图3-33 右视图

（24）单击【修改】→【裁剪】或图标✄，配合使用删除✐功能，对端盖零件图进行
修改。

删除右视图和左视图中多余的图线，单击【修改】→【平移】或图标✛，把各个视图
平移到合适的位置，如图3-34所示。

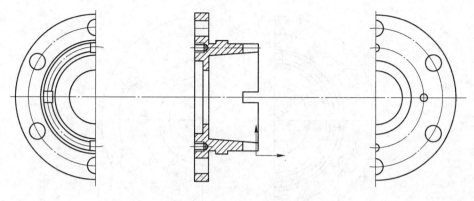

图 3 - 34　端盖零件各视图

任务二　端盖零件尺寸及公差的标注

一、标注端盖零件直径尺寸及公差

（1）单击【标注】→【尺寸标注】或图标
，拾取第二个标注元素后，立即菜单选
"1" "基本标注"、"2" "文字平行"、"3"
"直径"、"4" "文字居中"，选取尺寸合适的
位置单击。标注其他几个直径尺寸，如图
3 - 35 所示。

（2）重复基本标注命令，在左视图中点
取直径为 98 的点划线圆。标注立即菜单选
"4" "文字平行"，点取 "6：尺寸值" 空白
处，改 "6：尺寸值" 为 "% c98"，如图
3 - 36 ~ 图 3 - 38 所示。可标出相应直径半标
注，如图 3 - 39 所示。同理可以标出其他直
径的半标注。

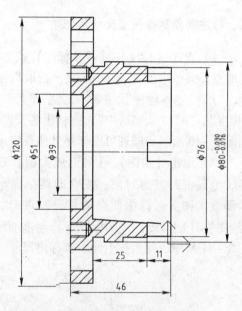

图 3 - 35　主视图中的直径尺寸

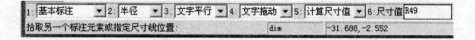

图 3 - 36　直径半标注立即菜单（1）

输入字	%c98	✓ ✗

拾取另一个标注元素或指定尺寸线位置：

图 3 - 37　直径尺寸修改

1：基本标注 ▼	2：半径 ▼	3：文字平行 ▼	4：文字拖动 ▼	5：计算尺寸值 ▼	6：尺寸值 %c98

拾取另一个标注元素或指定尺寸线位置：　　　dim　　　-56.413,7.705

图 3 - 38　直径半标注立即菜单（2）

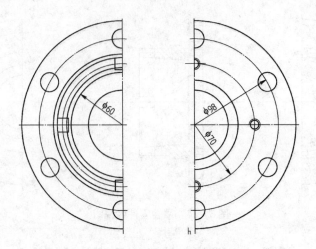

图 3-39　右视图和左视图中的直径尺寸

二、标注端盖零件长度尺寸及公差

（1）单击【标注】→【尺寸标注】或图标，选取立即菜单中的"基本标注"，拾取标注元素后，"1""基本标注"、"2""文字平行"、"3""长度"、"4""文字居中"，则标得各长度尺寸，如图 3-40 所示。同理可以标得其他长度尺寸。

（2）单击【绘图】→【局部放大图】或图标，选取密封处为对象，按立即菜单提示绘出局部放大图。选择图面合适位置，双击。单击【绘图】→【剖面线】或图标，绘制剖面线，如图 3-41 所示，然后按上面步骤标出尺寸。

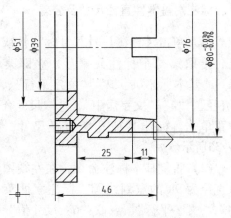

图 3-40　主视图中的长度尺寸（1）

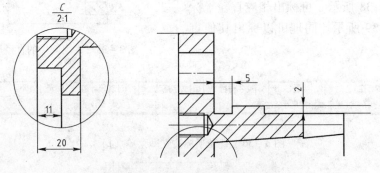

图 3-41　主视图中的长度尺寸（2）

三、端盖零件形位公差和表面粗糙度标注

（1）单击【标注】→【形位公差】或图标，弹出"形位公差"对话框，选取"圆跳动"图标，输入0.04，如图 3-42 所示，基准选 A，单击 确定 按钮，根据图纸选择合适

的标注位置，如图 3 – 43 所示。

图 3 – 42　圆跳动"形位公差"对话框

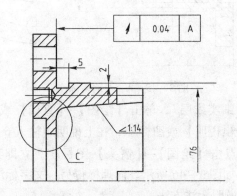

图 3 – 43　圆跳动公差标注（1）

（2）单击【标注】→【粗糙度】或图标 ∀，标得各表面的表面粗糙度，如图 3 – 44
所示。

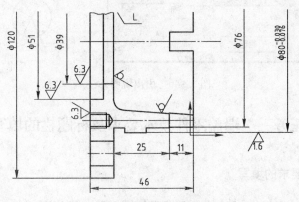

图 3 – 44　圆跳动公差标注（2）

四、端盖零件文字标注

（1）单击【标注】→【剖切符号】或图标，画剖切面轨迹，右击，选定剖切方向单击，用鼠标确定标注符号位置。单击【标注】→【尺寸标注】，立即菜单选"1""锥度标注"、"2""斜度"，按提示标注端盖的斜度。

（2）单击【绘图】→【文字】或图标 **A**，用鼠标选定要标注文字位置，然后系统弹出"文字标注与编辑"对话框，选字高度为 5，输入 A－A 符号，如图 3－45 所示。

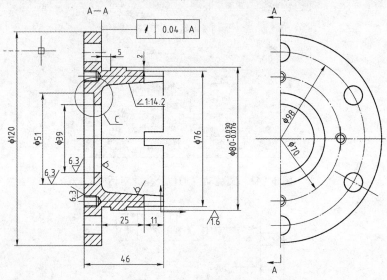

图 3－45　A－A 剖切标注

（3）把当前层改为"细实线层"，单击【绘图】→【直线】或图标，过圆的圆心画直线，单击【标注】→【引出说明】或图标，在上说明中输入 6－%c11 均布，单击确定按钮，可绘出引出说明。点击【绘图】→【箭头】图标，立即菜单分别选"正向"或"反向"，画出引出箭头，如图 3－46 所示。同理标得另一文字标注。

注意：这是一种引出说明标注方法。

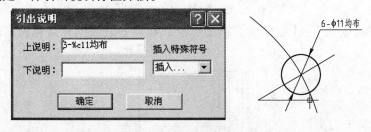

图 3－46　引出说明标注

任务三　端盖零件技术要求及标题栏的填写

一、端盖零件技术要求的填写

单击【绘图】→【库操作】→【技术要求库】图标，则出现"技术要求库"对话框同上章填写技术要求方法相同，输入文字后点击生成，选择合适的位置，即可将生成的技术要求写在图纸中。如图 3－47、图 3－48 所示。

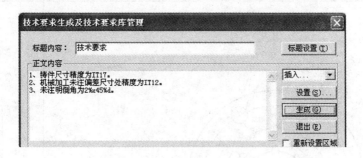

图 3－47　技术要求填写

技术要求

1、铸件尺寸精度为 IT17。

2、机械加工未注偏差尺寸处精度为 IT12。

3、未注明倒角为 2×45°。

图 3－48　生成的技术要求

二、端盖零件标题栏填写

单击【幅面】→【填写标题栏】或图标 ，系统出现填写标题栏对话框，同上一课题步骤，填写后单击 确定 按钮，即完成标题栏的填写。

端盖零件尺寸及表达和端盖零件图如图 3－49、图 3－50 所示。

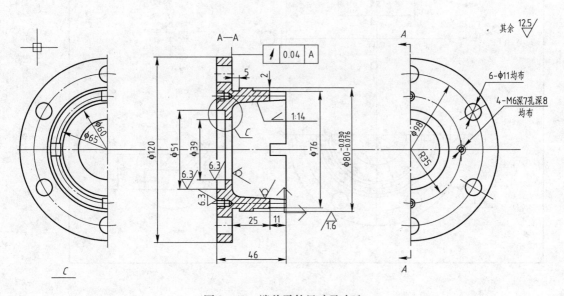

图 3－49　端盖零件尺寸及表达

64

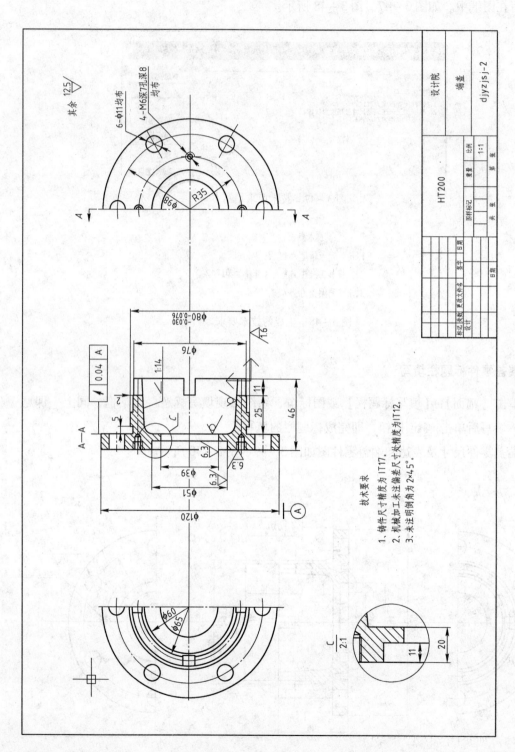

图 3-50 绘制的端盖零件图

任务四　端盖零件图符制作

一、关闭图层

（1）单击【文件】→【另存文件】，点取刚存入的图形"透盖1"改名称为"透盖图符"，点击 保存 按钮。

（2）单击【格式】→【层控制】图标 ，系统弹出"层控制"对话框，如图3-51所示。关闭"尺寸线层"、"虚线层"、"细实线层"，单击 确定 按钮，删除文字标注，得图3-52所示端盖图俯视图。

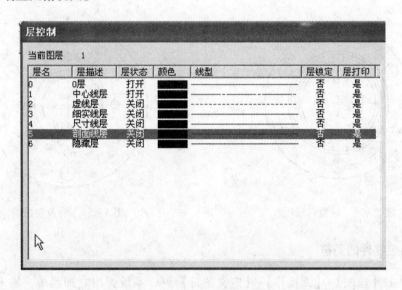

图3-51　关闭相应图层

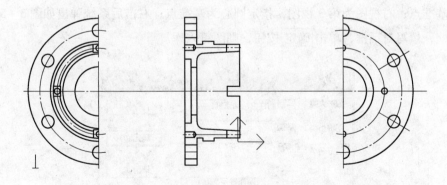

图3-52　端盖图俯视图

（3）选取右视图为对象，如图3-53所示，右击，系统弹出快捷菜单，点取"镜像"，系统在左下角弹出立即菜单，按提示点取镜像轴线，则绘出右视图，如图3-54所示。同样方法可以绘出左视图，如图3-55所示。

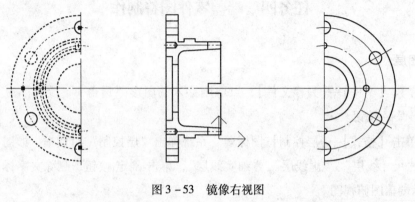

图3-53　镜像右视图

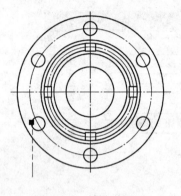

图3-54　端盖右视图

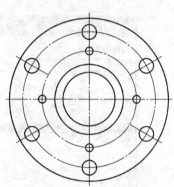

图3-55　端盖左视图

二、制作端盖零件的图符

（1）单击【绘图】→【库操作】→【定义图符】，系统弹出立即菜单，输入图符的视图个数3，选择主视图为第1视图，指定左侧中心线为基准点；左视图为第2视图，指定圆心为基准点；右视图为第3视图，指定圆心为基准点；右击后系统弹出如图3-56所示的对话框，填写对话框，单击 确定 按钮，则图符入库。

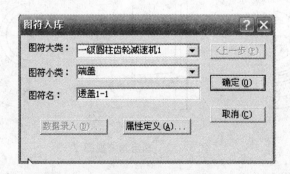

图3-56　端盖"图符入库"对话框

（2）单击【绘图】→【库操作】→【提取图符】图标，系统弹出"提取图符"对话框，选图符大类【一级圆柱齿轮减速机 1】，图符小类【轴承端盖】，图符列表"透盖 1 - 1"，如图 3 - 57 所示。单击 下一步 按钮，则可提取端盖图符。

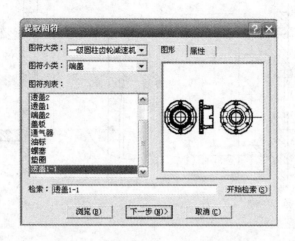

图 3 - 57　端盖"图符提取"对话框

习　题

1. 按图 3 - 58 所示的尺寸，参考书中的绘制方法，绘制四个轴承盖零件图。并制作图符，按图形大类 "一级圆柱齿轮减速机 2"、图形小类 "端盖"、图形列表分别按 "端盖 1"、"端盖 2"、"透盖 1"、 "透盖 2" 存盘。

2. 按图 3 - 59 所示的尺寸及样式，绘制两个轴承端盖的零件图，并制作图符，按图形大类 "一级圆柱齿轮减速机 1"、图形小类 "端盖"、图形列表分别按 "端盖 1"、"端盖 2" 存盘。

3. 按图 3 - 60 所示的尺寸及样式，绘制轴承端盖的零件图，并制作图符，按图形大类 "一级圆柱齿轮减速机 1"、图形小类 "端盖"、图形列表分别按 "透盖 2" 存盘。

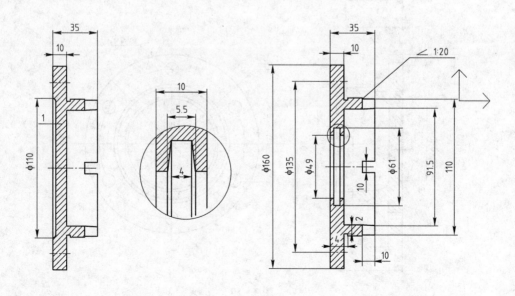

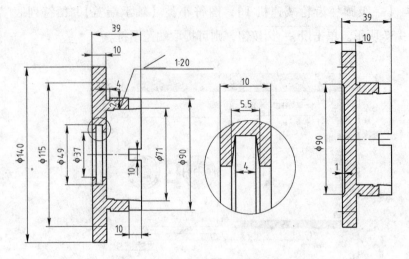

图 3 – 58

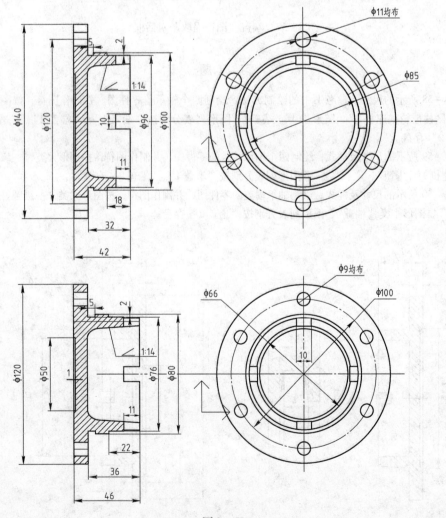

图 3 – 59

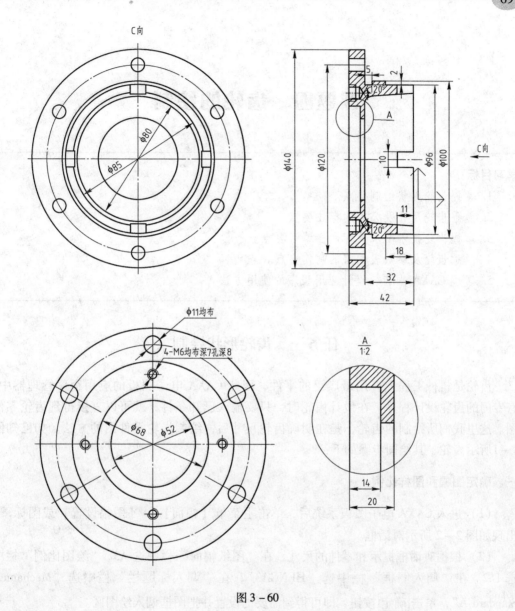

图 3 - 60

课题四 齿轮的绘制

学习目标：

1. 掌握齿轮形状绘制要点。
2. 熟悉齿轮尺寸及公差的标注要点。
3. 掌握齿轮技术要求及标题栏填写要点。
4. 熟悉齿轮及参数表图符的制作要点。
5. 了解 CAXA 中齿轮设计应用程序的使用方法。

任务一 齿轮形状绘制

齿轮是机械工程上应用最广泛的零件，因此 CAXA 电子图板的应用程序管理器中，有专门的齿轮设计程序，在设计齿轮时，只要输入已知条件，就可以直接得到齿轮零件图。这里我们所绘制的齿轮，是在明确齿轮尺寸后，绘制齿轮零件图的方法。如已知图 4-1 所示齿轮，其绘图步骤如下：

一、确定图幅和图样比例

（1）进入 CAXA 电子图板系统后，单击主菜单【幅面】→【图幅设置】或图标▧，出现如图 2-2 所示对话框。

（2）根据对话框提示和零件的尺寸，在"图纸幅面"栏中选 A3，"绘图比例"栏中选 1:2。在"调入图框"栏中选"HENGA3"，在"调入标题栏"栏中选"Mechanical Standard A"，单击 确定 按钮，即可得到需要的设置并把图框调入绘图区。

二、绘制齿轮形状

（1）把当前层变为"中心线层"，单击【绘图】→【直线】或图标╱，立即菜单选"1""两点线"、"2""连续"、"3""正交"、"4""点方式"，画 4 条直线，确定齿轮两个视图的位置，如图 4-2 所示。

（2）当前层改为"0层"，单击【绘图】→【平行线】或图标╱，立即菜单选"1""偏移方向"、"2""单向"。

（3）选定主视图水平中心线为对象，分别输入位移量为 29 回车、45 回车、105 回车、122.695 回车。得到 4 条水平方向的偏移直线。

（4）重复绘制平行线命令，选定主视图垂直中心线为对象，分别输入位移量 7.5 回

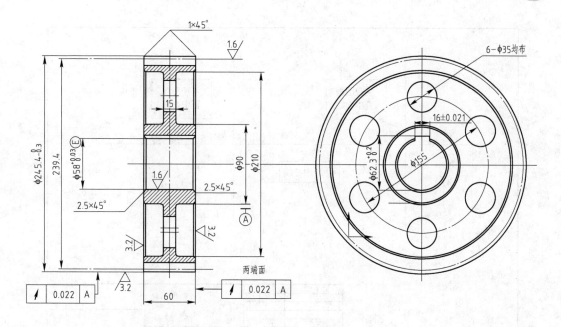

图 4 - 1　齿轮零件图

车、30 回车。右击后，得到两条垂直方向偏移直线。

（5）单击【修改】→【镜像】或图标，选择两垂直实线为对象，单击主视图垂直中心线，确定后即可得图 4 - 3。

（6）单击【修改】→【裁剪】或图标，立即菜单中选"快速裁剪"，点取删除要裁剪的曲线，对图形进行裁剪，对于单个图形元素，可点取删除按钮，单击要删除的对象右击。修剪后主视图如图 4 - 4 所示。

（7）单击【修改】→【复制选择到】或图标，立即菜单选"1""给定偏移"、"2""保持原态"、"3""正交"，选取水平中心点划线为对象，确认后输入 X 方向平移和Y 方向平移为 119.695 回车，即得分度圆点划线。右击，选取齿顶圆为对象，确认后在立即菜单"X 或 Y 方向偏移量"输入"11"回车，则画得齿根圆线，如图 4 - 5 所示。

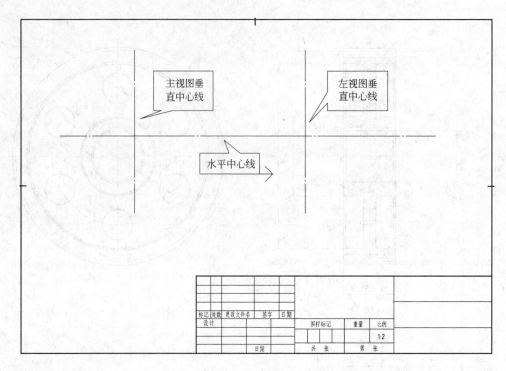

图 4 - 2　确定齿轮两个视图位置

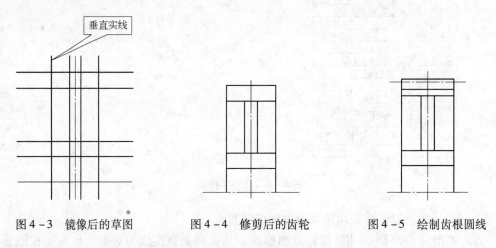

图 4 - 3　镜像后的草图　　　　图 4 - 4　修剪后的齿轮　　　　图 4 - 5　绘制齿根圆线

（8）单击【修改】→【过渡】图标 ，在立即菜单中选取"1""圆角"、"2""裁剪始边"、单击"3：半径 ="空白，在弹出的立即菜单中输入"3"，单击确认按钮 ，选取要修改的相交直线，就可以得到过渡圆角。

（9）在立即菜单中选取"1""倒角"、"2""裁剪始边"、"3：长度 ="2"、"4：倒角 =""45°"，得到齿轮轮齿内槽的倒角。改立即菜单为"1""倒角"、"2""裁剪"、"3：长度 =""1"、"4"倒角"45°"可以得到齿顶圆倒角。改立即菜单为"1""倒角"、"2""裁剪始边"、"3：长度 =""2.5"、"4"倒角"45°"，得到内孔倒角。单击【修改】→【裁剪】或图标 ，立即菜单中选"快速裁剪"，点取删除要裁剪的曲线，对图形进行裁剪，如图4-6所示。

（10）单击【绘图】→【直线】或图标 ✏，立即菜单选"1""两点线"、"2""连续"、"3""非正交"，连接各倒角直线，单击【修改】→【镜像】或图标 ⚖，立即菜单选"1""选择轴线"、"2""拷贝"，拾取上部为对象，右击，单击水平中心线，得整个齿轮剖面图，如图4-7所示。

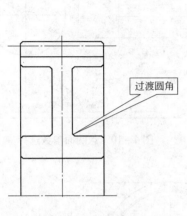

图4-6 圆角修剪

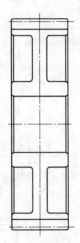

图4-7 齿轮剖面图

（11）单击【绘图】→【圆】或图标 ⊙，由"导航"指示确定齿顶圆，单击确定即可画出。

右击重复画圆命令，画出其他圆，如图4-8所示。

注意："状态栏"中的导航功能对画图非常有用，具体用法是状态栏选"导航"，在单击相应绘图命令后，把光标移动到相应位置，系统就会自动按高平齐显示。

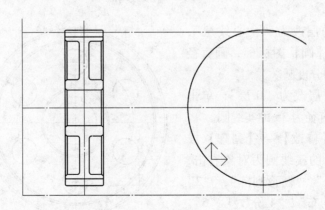

图4-8 运用导航功能

（12）单击【绘图】→【库操作】→【提取图符】图标 ▦，系统弹出"提取图符"对话框，选择【常用图形】中【常用剖面图】的"毂端面"，单击 下一步 按钮。系统弹出"图符预处理"提示框，拖动"滚动条"选轴直径58，键宽为16，凸出高度为4.3。

单击 确定 按钮后就可调入毂端面，确定在图中的位置后单击，右击，结束命令。如图
4-9～图4-11所示。

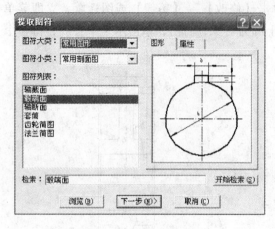

图4-9 提取毂端面

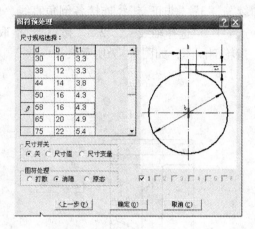

图4-10 毂端面参数选择

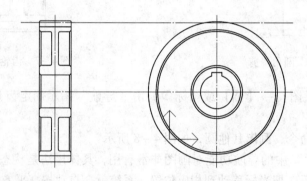

图4-11 调入毂端面

（13）把当前层改为"中心线层"，单击【绘图】→【圆】图标⊕，画直径150的点划线圆和分度圆。

（14）把当前层改为"0层"，单击画圆图标⊕，画直径为35的实线圆。

（15）单击【修改】→【列阵】或图标器，拾取35的实线圆为对象右击，立即菜单选取"1""圆形列阵"，"2""旋转"，"3""均布"、"4份数:""6"。单击齿轮中心线交点，可得孔系图，如图4-12所示。

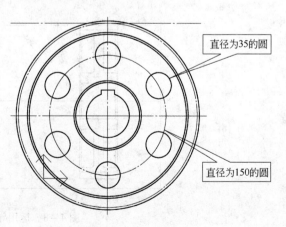

直径为35的圆

直径为150的圆

图4-12 减重孔列阵

（16）单击【绘图】→【直线】或图标╱，运用"导航"功能，在主视图中画减重孔及毂齿轴孔圆，如图4-13所示。

（17）单击【绘图】→【剖面线】或图标▧，立即菜单选"1""拾取点"、"2：比

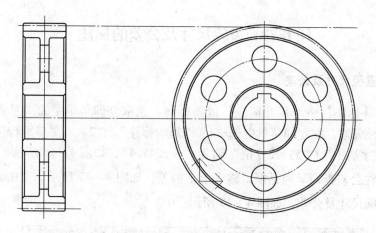

图 4 - 13　画减重孔及与轴配合的内孔

例""3""、"3：角度:"　"45"，单击剖面线区域内的任意点，右击就可绘出剖面线，如图4 - 14 所示，同样步骤可以绘出各个部分剖面图，如图 4 - 15 所示。

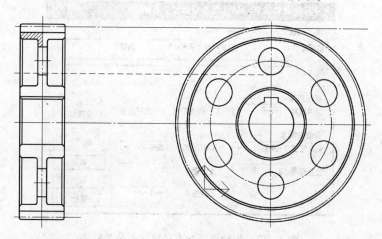

图 4 - 14　绘制剖面线（1）

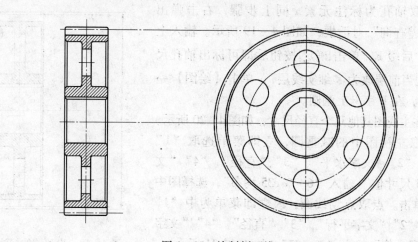

图 4 - 15　绘制剖面线（2）

任务二　齿轮尺寸及公差的标注

一、标注齿轮直径尺寸及公差

（1）单击【标注】→【尺寸标注】或图标，选取立即菜单中的"基本标注"，拾取齿顶圆为标注元素。在立即菜单中选"1""基本标注"、"2""文字平行"、"3""直径"、"4""文字居中"、"5：尺寸值"输入"%c245.4"，如图4-16所示，右击，系统弹出"尺寸标注公差查询"对话框，输入上下偏差，如图4-17所示。点击 确定 按钮后即可标出齿顶圆尺寸及公差，如图4-18所示。

图4-16　齿轮直径尺寸标注中的立即菜单

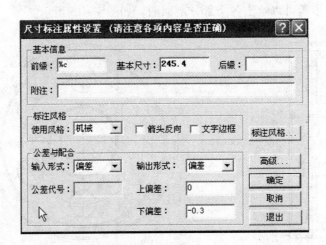

图4-17　齿轮齿顶圆直径尺寸的公差标注

（2）拾取轴孔为标注元素，同上步骤，右击弹出"尺寸标注公差查询"对话框，如图4-19所示。输入上下偏差和尺寸后缀E，单击 确定 按钮后即可标出轴孔尺寸及公差，把当前层改为"细实线层"，单击【绘图】→【圆】图标⊙，在E字母上画圆。

（3）标注主视图其他几个直径尺寸，如图4-20所示。

（4）点取左视图中的减重圆，立即菜单选取"1""基本标注"、"2""文字水平"、"3""直径"、"4""文字居中"、"5尺寸值"输入"6-%c35均布"，选择图中合适位置，单击。点取点划线圆，改立即菜单为中"1""基本标注"、"2""文字平行"、"3""直径"、"4""文字居中"、"5：尺寸值"输入"%c155"，如图4-21所示。

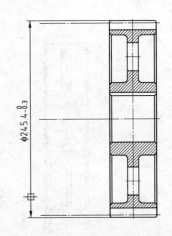

图4-18　齿顶圆的标注

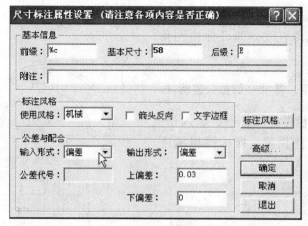

图 4-19 轴孔圆直径尺寸的公差标注图

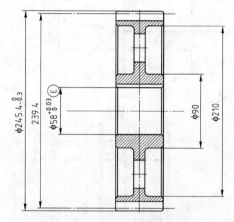

图 4-20 主视图中的直径标注

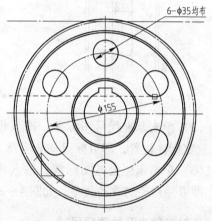

图 4-21 左视图中的直径标注

二、标注齿轮长度尺寸公差及倒角

（1）单击【标注】→【尺寸标注】或图标 ⊢⊣，分别拾取标注对象后右击，系统弹出"尺寸标注属性设置"对话框，输入上下偏差，如图 4-22、图 4-23 所示，为键槽宽的标注。同样方法可以标出其他几个长度尺寸。

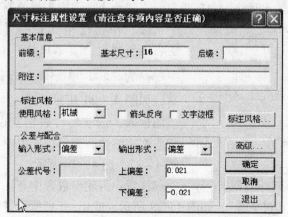

图 4-22 键的公差填写

（2）单击【标注】→【倒角标注】图标
，选要标注的倒角直线，即可标出倒角，
如图 4 – 24 所示。

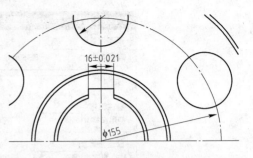

图 4 – 23　键的宽度标注

三、齿轮表面粗糙度、基准、形位公差标注

（1）单击表面粗糙度图标，输入相应
粗糙度值，选定标注位置，即标得粗糙度。
如图 4 – 25 所示。

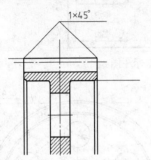

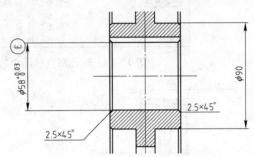

图 4 – 24　倒角标注

（2）单击基准代号图标，输入相应代号
A，选定标注位置，即可标得基准注释。

（3）单击形位公差图标，输入相应公差
值，即可标得径向跳动公差。如图 4 – 26 所示。

四、齿轮参数表及检测项目

（1）把当前层改为"细实线层"，单击
【绘图】→【直线】或图标，画长度为 160

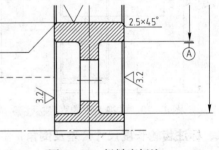

图 4 – 25　粗糙度标注

的直线，然后点击【绘图】→【等距线】或图标，立即菜单选"1""单个拾取"、"2"
"指定距离"、"3""单向"、"4""空心"、"5：距离""16"、"6：份数""18"，点取绘
制方向即可画出表格的水平线。然后重复画直线命令，完成表格绘制。

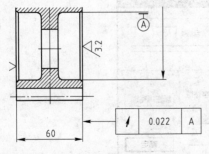

图 4 – 26　径向跳动公差标注

（2）单击【格式】→【文本风格】或图标
，系统弹出"文本风格"对话框，设置"缺省
字"高为"5"，单击 确定 按钮，可按要求确定字
高，如图 4 – 26 所示。单击【绘制】→【文字】
或图标 A，选取每行表格空白处合适位置，输入
相应文字参数，则可标出齿轮参数及检验项目，如
图 4 – 27、图 4 – 28 所示。

注意：齿轮参数表中有许多特殊标注，可借助
"插入"选项中的"其它字符"，如图 4 – 29 所示。或用：1）搜狗拼音输入法，单击键盘
按钮，在弹出的快捷菜单中单击"特殊符号"，系统弹出相应的菜单，如图 4 – 30 所示，

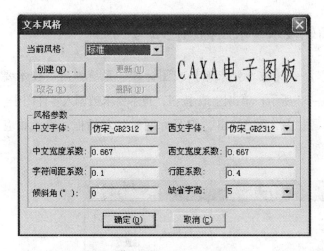

图4-27 "文本风格"对话框

齿数	Z	79
法面模数	m_n	3
法向压力角	α	20°
法面齿顶高系数	h^*_{an}	1.0
法面径向间隙系数	C^*	0.25
分度圆上轮齿螺旋角	β	8°6′34″
轮齿螺旋线方向		右旋
法面变位系数	X_n	0
全齿高	h	6.75
精度等级(JB179-83)		8-7-7JL
相啮合齿轮图号		
齿圈径向跳动公差	Fr	0.071
公法线长度变动公差	Fw	0.050
周节极限偏差	f_{Pt}	±0.016
基节极限偏差	f_{Pb}	±0.014
公法线平均长度偏差	W^*_{kn}	$87.55^{-0.160}_{-0.225}$
跨齿数	n	10

图4-28 齿轮参数表格

图4-29 借助"插入"选项中的"其它字符"

图4-30 搜狗拼音输入法

选取相应符号按钮。2）智能 ABC 输入法，右击键盘按钮，在弹出的快捷菜单中单击相应菜单，如图4-31所示。

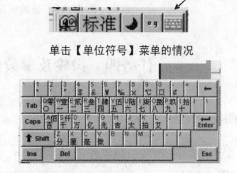

单击【单位符号】菜单的情况

图4-31 特殊符号的输入

任务三　齿轮技术要求及标题栏填写

（1）单击【绘图】→【库操作】→【技术要求库】或图标🔲，系统弹出"技术要求"对话框，输入相应文字，如图4－32所示，单击生成按钮，技术要求被调入零件图中。

（2）单击【幅面】→【填写标题栏】，系统弹出"填写标题栏"对话框，填入相应文字。单击确定按钮，如图4－33所示。

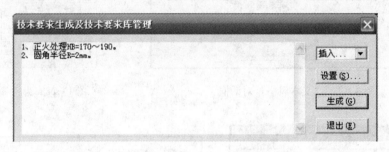

图4－32　齿轮技术要求填写

图4－33　齿轮标题栏填写

任务四　齿轮及参数表图符的制作

一、齿轮图符的制作

（1）单击图层图标🔲，系统弹出"层控制"对话框，双击关闭"细实线层""尺寸线层"。如图4－34所示，单击确定按钮后得图4－35所示图。

　　(2) 单击【绘图】→【库操作】→【定义图符】或图标 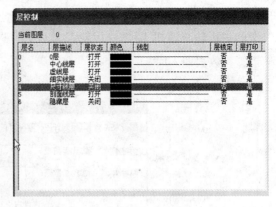，系统弹出立即菜单，输入图符视图数 2，选择剖面图为第一视图，中心为基点；左视图为第二视图，中心为基点。系统弹出"图符入库"对话框，如图 4-36 所示。输入"一级圆柱齿轮减速机 1"、"齿轮"、"低速大齿轮"，确定后图符即入库。单击【提取图符】图标 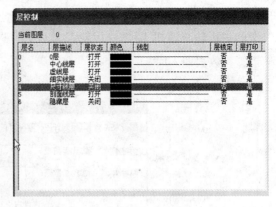，系统弹出"提取图符"对话框，选择"低速大齿轮"，如图 4-37 所示。

图 4-34　关闭图层

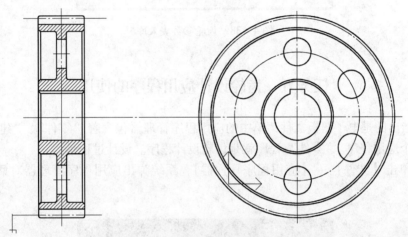

图 4-35　齿轮图符

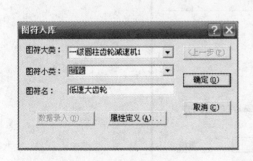

图 4-36　齿轮图符入库

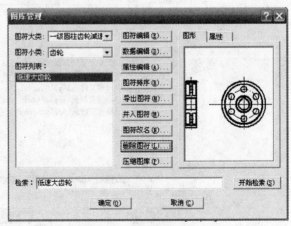

图 4-37　齿轮图符提取

二、齿轮参数表格图符的制作

　　单击【绘图】→【库操作】→【定义图符】或图标 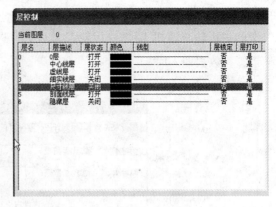，系统弹出立即菜单，输入图

符视图数 1，选择齿轮参数表格，右上角为基点，系统弹出"图符入库"对话框，输入"一级圆柱齿轮减速机 1"、"齿轮参数表"、"齿轮参数表 1"，如图 4 – 38 所示，单击 确定，参数表即入库。

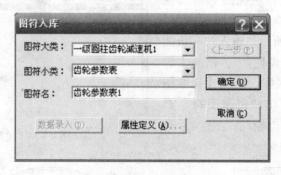

图 4 – 38　齿轮参数表入库

任务五　齿轮设计应用程序的使用

应该指出的是电子图板文件菜单中的应用程序管理器包含着"零件"、"建筑"、"电路"等三个应用程序。"零件"程序就是齿轮设计程序。设计过程是：

（1）单击【文件】→【应用程序管理器】，系统弹出应用程序管理器对话框，如图 4 – 39 所示。

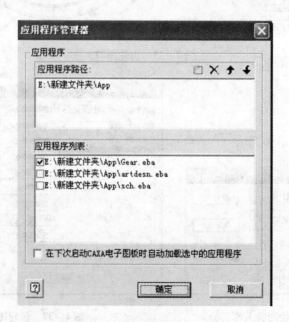

图 4 – 39　挂接齿轮设计程序

（2）点取电子图板所在路径 \ App，如 E：\ 新文件夹 \ App \ Gear. eba。齿轮设计程序"零件"加载在主菜单中，如图 4 – 40 所示。

文件(F) 编辑(E) 视图(V) 格式(S) 幅面(P) 绘图(D) 标注(N) 修改(M) 工具(T) 帮助(H) 零件(R)

图4-40 齿轮设计程序调入系统

（3）单击【零件】→【齿轮】，如图4-41所示，系统弹出"齿轮设计"对话框，如图4-42所示。

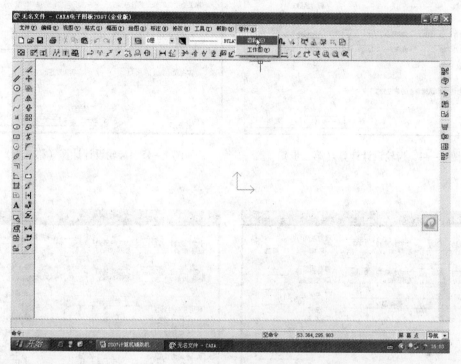

图4-41 齿轮设计

（4）单击 开始 按钮，进入设计第一步。按要求输入设计数据，如图4-43～图4-51所示，完成设计计算。

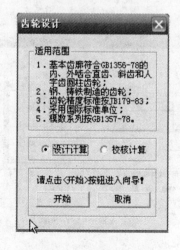

图4-42 齿轮设计开始

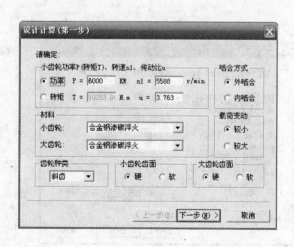

图4-43 齿轮设计计算（第一步）

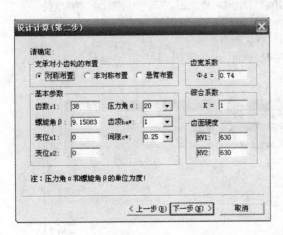

图 4 – 44　齿轮设计计算（第二步）

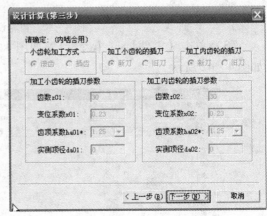

图 4 – 45　齿轮设计计算（第三步）

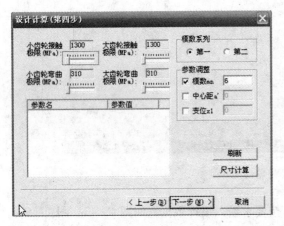

图 4 – 46　齿轮设计计算（第四步之一）

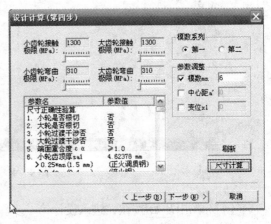

图 4 – 47　齿轮设计计算（第四步之二）

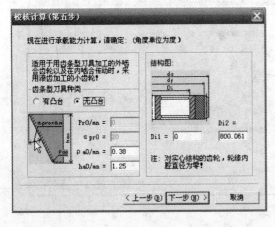

图 4 – 48　齿轮校核计算（第五步）

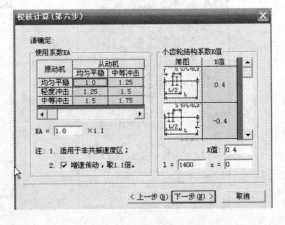

图 4 – 49　齿轮校核计算（第六步）

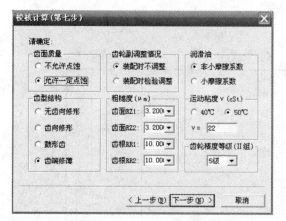

图 4 - 50　齿轮校核计算（第七步）

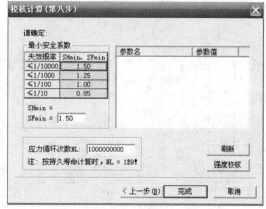

图 4 - 51　齿轮校核计算（第八步）

（5）单击【零件】→【工作图】，系统弹出绘制对话框，输入计算所得尺寸，确定后即可将所设计的齿轮调入，如图 4 - 52 ~ 图 4 - 55 所示。

图 4 - 52　点击绘图工作菜单

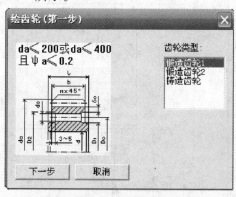

图 4 - 53　绘齿轮（第一步）

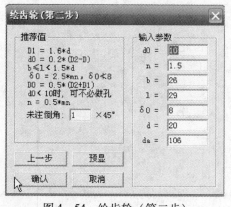

图 4 - 54　绘齿轮（第二步）

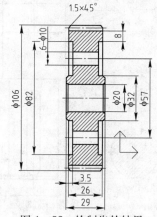

图 4 - 55　绘制齿轮结果

习　题

1. 绘制图 4 - 56 所示的齿轮轴的完整零件图，总结轴类零件形位公差的标注（注意：齿轮参数表用等距线命令）。
2. 绘制图 4 - 57 所示的小齿轮零件图，并制作图符，按图形大类"一级圆柱齿轮减速机 2"、图形小类"齿轮"、图形列表分别按"小齿轮"存盘。

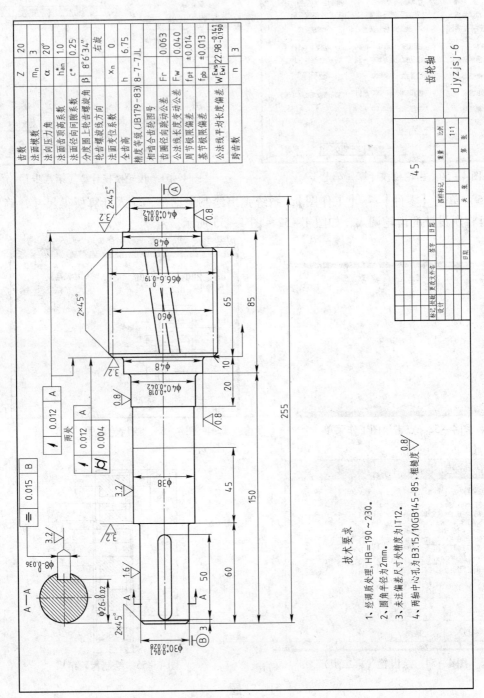

齿数	Z	20
法面模数	m_n	3
法向压力角	α	20°
法面齿顶高系数	h_{an}^*	1.0
齿面径向间隙系数	c^*	0.25
分度圆上轮齿螺旋角	β	8°6′34″
轮齿螺旋线方向		右旋
法面变位系数	x_n	0
全齿高	h	6.75
精度等级（JB179-83）		8-7-7JL
相啮合齿轮图号		
齿圈径向跳动公差	F_r	0.063
公法线长度变动公差	F_w	0.04-0
周节极限偏差	f_{pt}	±0.014
基节极限偏差	f_{pb}	±0.013
公法线平均长度偏差	W_{Ews}^{Ews}	22.98 $^{-0.141}_{-0.190}$
跨齿数	n	3

45		齿轮轴
	比例 1:1	djyzjsj-6
	重量	
图样标记	第 张	
	共 张	

技术要求

1、经调质处理，HB=190～230。

2、圆角半径为2mm。

3、未注偏差尺寸处精度为IT12。

4、两轴中心孔为B3.15/10GB145-85，粗糙度$\sqrt{0.8}$。

图4-56　齿轮轴的零件图

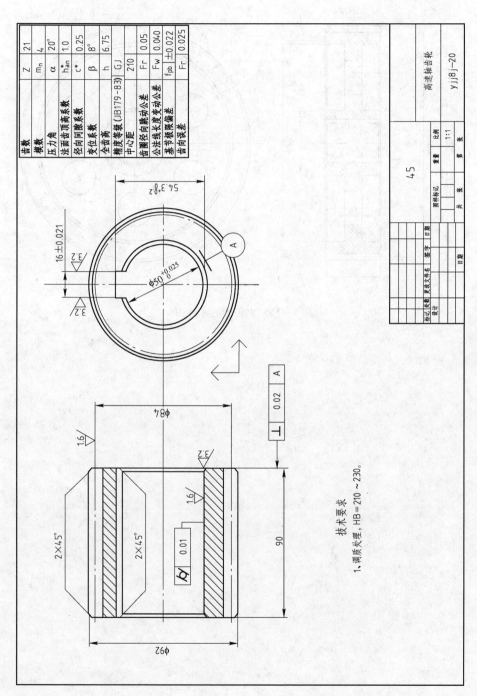

齿数	Z	21
模数	m_n	4
压力角	α	20°
法面齿顶高系数	h_{an}^*	1.0
径向间隙系数	c^*	0.25
变位系数	β	8°
全齿高	h	6.75
精度等级（JB179-83）		GJ
中心距		210
齿圈径向跳动公差	F_r	0.05
公法线长度变动公差	F_w	0.040
基节极限偏差	f_{pb}	±0.022
齿向误差	F_r	0.025

高速轴齿轮

yj18j-20

45

比例	1:1
重量	

图样标记　　共　张　第　张

标记	处数	更改文件名	签字	日期
设计				日期

$54.3^{0}_{-0.2}$

16 ± 0.021

$\phi50^{+0.025}_{0}$

$\sqrt{3.2}$

$\phi84$

$\sqrt{16}$

$\sqrt{3.2}$

$\sqrt{1.6}$

$\boxed{\perp\ |\ 0.02\ |\ A}$

A

$2\times45°$

$2\times45°$

$\phi92$

$\sqrt{1.6}$

$\boxed{\cancel{\alpha}\ |\ 0.01}$

90

技术要求
1. 调质处理，HB = 210～230。

图 4-57　小齿轮的零件图

3. 按给定尺寸（$m=4$，$Z=84$ 材料为 45 钢正火）绘制图 4 – 58 所示的大齿轮的零件图。并制作图符，按图形大类"一级圆柱齿轮减速机 2"、图形小类"齿轮"、图形列表分别按"大齿轮"存盘。

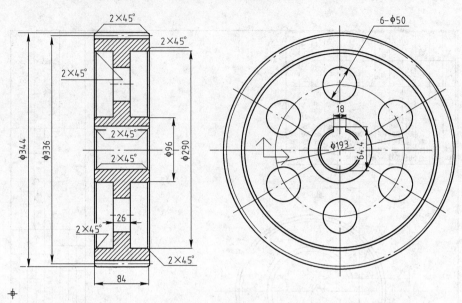

图 4 – 58　大齿轮的零件图

课题五　圆柱齿轮减速机箱体绘制

学习目标：

1. 掌握圆柱齿轮减速机箱体绘制要点。
2. 熟悉减速机箱体的尺寸标注要点。
3. 掌握减速机箱体技术要求及标题栏填写要点。
4. 熟悉减速机箱体图符的制作要点。

　　箱体零件是比较复杂的零件，绘制时需要运用三视图导航功能，投影关系。箱体零件的标注也较其他零件复杂。因为箱体零件由许多不同的形体组成，所以标注时应注意首先确定相应的形状的位置定位尺寸，然后再标注形状尺寸。本课题主要介绍减速机箱体的绘制方法。

任务一　圆柱齿轮减速机箱盖绘制

　　减速机箱盖一般由灰铸铁铸造，其形状主要由齿轮大小决定，下面我们就说明图 5-1 中一级减速机箱盖的绘制方法。

一、箱盖主视图绘制

　　（1）单击【文件】→【新文件】或图标□，系统弹出新建对话框，选择 MECHANI-CAL　H　A0。

　　如图 5-2 所示，单击 确定 按钮即可调入图框。把"中心线层"定为当前层，将图纸分为 4 个区域，如图 5-3 所示。

　　（2）单击【绘图】→【平行线】或图标╱，立即菜单选"1""偏移方式"、"2""单向"，以水平线为对象，分别在命令行输入 40 回车；以垂直线为对象，分别在命令行分别输入 40 回车。如图 5-4 所示。

　　（3）右击，重复上述画平行线命令，点取左侧第一根垂线，输入位移量为 428 回车，确定箱盖长度。点取左面垂线，输入位移量为 170 回车、320 回车、300 回车，这样就能确定主视图轴承孔位置。

　　（4）把当前层改为"0 层"，单击【绘图】→【圆】或图标⊙，立即菜单选"1""圆心–半径"、"2""半径"，以左面轴承孔中心为圆心分别输入半径 50 回车、70 回车，以右面轴承孔中心为圆心在命令行输入半径 40 回车、60 回车。

　　（5）重复上述画圆命令，以左面轴承孔中心为中心，分别以 132、140 为半径画圆。以右侧轴承孔左 20mm 为中心，以 98 为半径画圆，如图 5-5 所示。

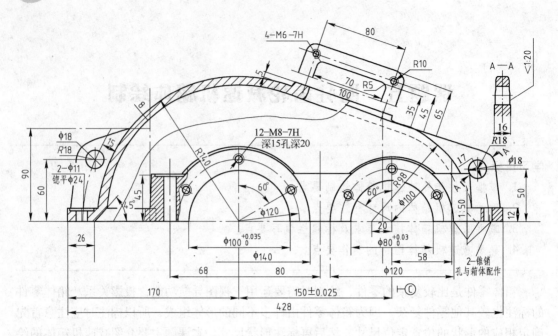

(1)

技术要求

1、机盖铸成后，应清理并进行时效处理。

2、机盖和机座合箱后，边缘应平齐，互相错位每边不大于2mm。

3、应检查与机座结合面的密封性，用0.05mm的塞尺塞入深度不得大于结合
面的三分之一，用涂色法检查接触面积达每平方厘米一个斑点。

4、与机座联结后，打上定位销进行镗孔，镗孔时结合面处禁放任何衬垫。

5、机械加工未注偏差尺寸处精度为IT12。

6、未注明倒角为2×45°。

7、未注明圆角半径R=3~5。

8、铸造尺寸精度为IT18。

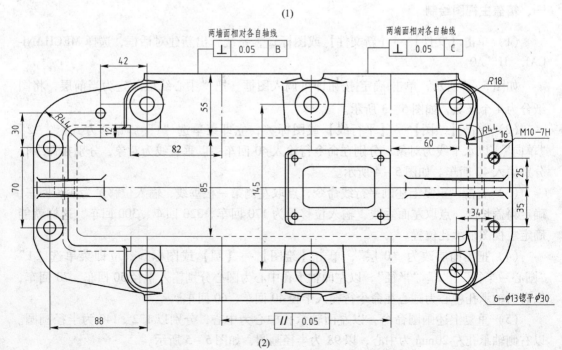

(2)

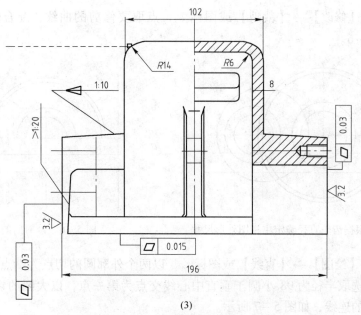

(3)

图 5-1　一级圆柱齿轮减速机箱盖

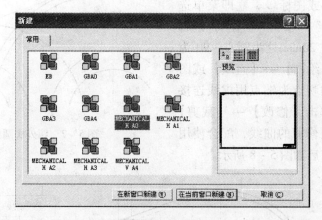

图 5-2　箱盖的图幅设置

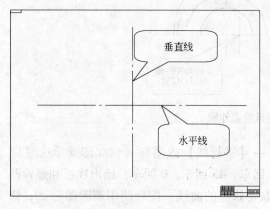

图 5-3　把图纸分为 4 个区

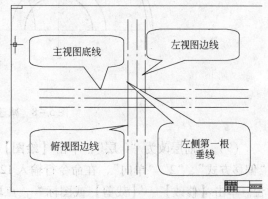

图 5-4　绘制主视图底线，左视图、俯视图边线

92

（6）单击【修改】→【裁剪】或图标✀，点取要修剪的曲线，配合使用删除图标✎，则得图 5-6。

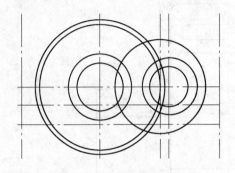

图 5-5　根据齿轮直径确定主视图外形尺寸

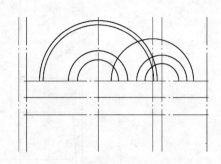

图 5-6　修剪后的主视图

（7）单击【绘图】→【直线】或图标✎，以两个外廓圆的切点为端点画直线连接两个外廓圆弧，选取半径为 98 小圆于垂直中心线交点为第一点，以大圆的切点为第二点，则得两外廓圆的连线，如图 5-7 所示。

（8）把当前层改为"虚线层"，单击【绘图】→【圆】或图标⊕，立即菜单选"1""圆心-半径"、"2""半径"，以右侧轴承孔水平线左 20mm 处为圆心，90 为半径画圆，单击【绘图】→【直线】或图标✎，以两个圆的切点为端点用虚线连接两个内廓圆弧，单击【修改】→【裁剪】或图标✀，点取要修剪的曲线，配合使用删除图标✎，修剪后如图 5-8 所示。

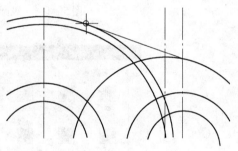

图 5-7　两外廓圆连线

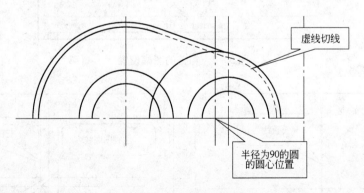

图 5-8　减速机箱盖外廓

（9）当前层改为"0 层"，单击【绘图】→【平行线】或图标✎，立即菜单选"1""偏移方式"、"2""单向"，在命令行输入 12 回车、45 回车、0 回车，绘出底板和螺栓凸台。单击【修改】→【裁剪】或图标✀，点取要修剪的曲线，配合使用删除图标✎，修剪后如图 5-9 所示。

（10）当前层改为"中心线层"，单击【绘图】→【平行线】或图标∥，立即菜单选"1""偏移方式"、"2""单向"，选大轴承孔垂直中心线为目标，分别在命令行输入68回车、80回车。得到两螺栓孔的位置。以小轴承孔垂直线为目标，在命令行输入58回车，得右侧螺栓孔的位置。

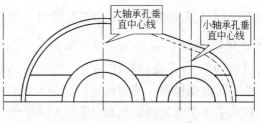

图5-9　螺栓凸台及底板绘制

（11）右击，重复上述画平行线命令选底线为目标，输入60回车、50回车、90回车。单击【绘图】→【圆弧】或图标，立即菜单取"圆心 半径 起终角"输入"半径="155，"起始角="90，"终止角="180，以大轴承孔中心为圆心，单击画弧；以小轴承孔左侧20为圆心，输入"半径="115，"起始角="0，"终止角="60，单击画弧。则可确定两吊孔圆心的位置。

（12）当前层改为"0层"，单击【绘图】→【圆】或图标⊙，以左交点为圆心输入半径9回车、18回车，得左侧吊孔，以右交点为圆心在命令行输入半径9回车、18回车，得右侧吊孔。

（13）单击【绘图】→【直线】图标，立即菜单选"两点线"，选减速机壳体为第一点，半径18的圆与直线切点为第二点画直线。连接半径18的圆与底板，则可画出左侧吊孔。如图5-10、图5-11所示。同样步骤可画出右侧吊孔。

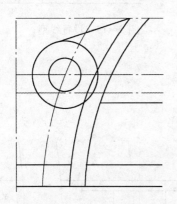

图5-10　左侧吊孔绘制（1）

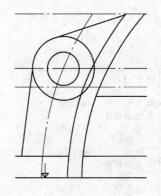

图5-11　左侧吊孔绘制（2）

（14）点取左侧螺栓孔中心线，右击，系统出现快捷菜单，选择平移（拷贝）项，立即菜单选"1""给定偏移"、"2""拷贝"、"3""正交"，命令行输入88回车，即得到底板螺栓孔中心位置。单击【绘图】→【平行线】或图标∥，立即菜单选"1""偏移方式"、"2""双向"，以该中心线为对象，在命令行分别输入5.5回车、12回车，然后再以底板上底线为对象，右击，立即菜单选"1""偏移方式"、"2""单向"，在命令行输入2回车。分别改底板两侧边点划线为实线，方法是点取要修改的对象，右击，系统弹出快捷菜单如图5-12所示，选"属性修改"，系统弹出"属性修改"对话框见图5-12，选取"线型"系统弹出"设置线型"对话框如图5-13所示，选取其中的"粗实线"，单击 确定 按钮，返回"属性修改"对话框如图 5 - 14 所示，单击 确定 按钮。即可改线型为粗实线。同样步骤可以修改其他线为要求的线型。单击【修改】→【裁剪】图标，修剪后的底板螺栓孔，如图 5 - 15 所示。同样方法可以绘出其他螺栓孔。线型改完后，应及时检查"线型设置"下拉菜单，把"线型设置"下拉菜单线型改为随层状态［BYLAYER——］，以恢复初始设置。

　　注意：改变线型还有一种快捷的方法，那就是点击【修改】→【格式刷】或图标，选取其中想改变线型的形式（如点划线），再点取想改变的直线或曲线，则该直线或曲线就变成了目标对象的线型形式。

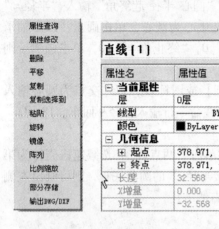

图 5 - 12　快捷菜单及属性修改对话框

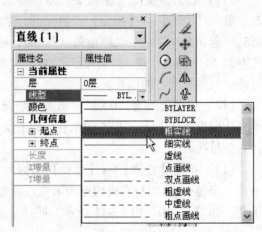

图 5 - 13　设置线型

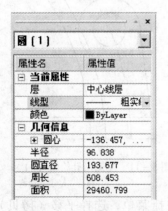

图 5 - 14　改线形为粗实线

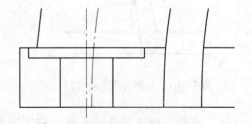

图 5 - 15　右侧底板螺栓孔

　　（15）单击【绘图】→【库操作】→【提取图符】或图标，系统弹出"提取图符"对话框，如图 5 - 16 所示。选【销】中的【圆锥销】"GB/T 117—2000 圆锥销 A 型"，单击 下一步 按钮，系统弹出"图符预处理"对话框，如图 5 - 17 所示，拖动滚动条，选直径为 8，长度为 30 的圆锥销。单击 确定 按钮，即可调入圆锥销。把圆锥销插入底板合适位置，点取圆锥销图符，右击，系统弹出快捷菜单，选取其中的"平移/拷贝"，立即菜单选"给定偏移"，"移动"，把圆锥销移到希望的位置，如图 5 – 18 所示，单击 确定 按钮。再次点取圆锥销图符，右击，在快捷菜单中选取"块打散"，打散圆锥销图符。单击【修改】→【裁剪】或图标 ✂，点取要修剪的曲线，配合使用删除图标 ✐，则得图 5 – 19。

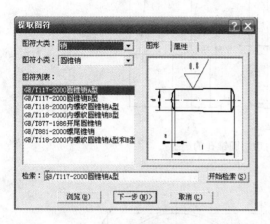

图 5 – 16　提取圆锥销图符

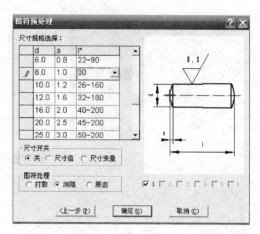

图 5 – 17　提取直径为 8 长为 30 的圆锥销

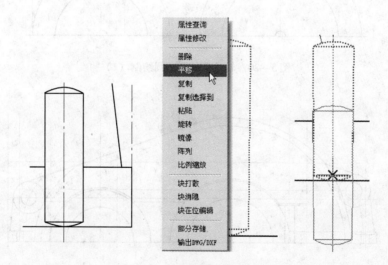

图 5 – 18　圆锥销的插入和平移

（16）单击【绘图】→【圆弧】或图标 ◠，以大轴承中心孔为圆心，立即菜单选"圆心 半径 起终角"输入半径为 72，起始角为 0，终止角 180 画弧。以小轴承孔为圆心，输入半径为 62，起始角为 0，终止角为 180。如图 5 – 20 所示。修剪后如图 5 – 21 所示。

（17）单击【绘图】→【平行线】或图标 ∥，立即菜单选"1""偏移方式"、"2""单向"，以箱体外廓斜线为对象，在命令行输入位移 5，回车后得到观测孔顶面线。单击【绘图】→【直线】图标 ╱，立即菜单选"1""切线/法线"、"2""法线"、"3""非对称"、"4"选"到线上"，以观测孔顶面线为拾取曲线，绘制观测孔侧面线。如图 5 – 22 所示。

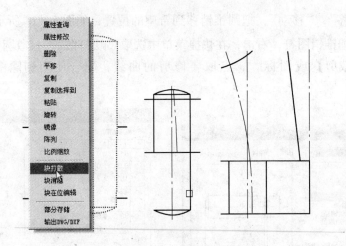

图 5 – 19 圆锥销的打散与圆锥孔的绘制

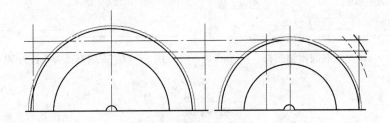

图 5 – 20 轴承孔外圆凸圆绘制（1）

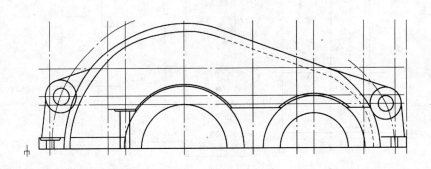

图 5 – 21 轴承孔外圆凸圆绘制（2）

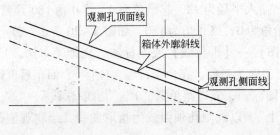

图 5 – 22 观测孔绘制（1）

（18）单击【绘图】→【平行线】或图标 ✐，立即菜单选"1""偏移方式"、"2""单向"，输入距离 100 回车、15 回车、85 回车；即画得观测孔凸台草图。如图 5 - 23 所示。

（19）单击【修改】→【拉伸】或图标 ✐，点取观测孔侧线为对象拉伸，拉伸各直线。在虚线上画直线。把当前层改为"中心线层"，单击【绘图】→【平行线】或图标 ✐，立即菜单选"1""偏移方式"、"2""单向"，选凸台顶边为对象。输入 10，得凸台向视图中心线。改当前层为"0 层"，以凸台中心线为对象，分别输入 17.5 回车、32.5 回车则可画出凸台孔两边线。输入 22.5 回车，可确定螺钉孔水平方向位置。以观测孔侧面线为对象输入 10 回车、90 回车，可确定螺钉孔垂直方向位置。用 14 步所说的方法改这两条线的线型为"点划线"这样就确定了观测孔螺钉孔中心线位置。单击【修改】→【拉伸】或图标 ✐，拉伸需要拉伸的直线。单击【修改】→【裁剪】或图标 ✂，配合使用删除图标 ✐，对凸台进行修剪，修剪后可得凸台向视图。如图 5 - 24 所示。

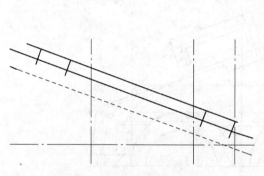 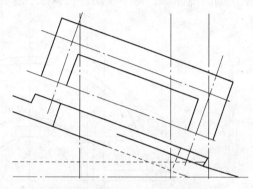

图 5 - 23　观测孔绘制（2）　　　　　　　　图 5 - 24　观测孔凸台及向视图

（20）单击【绘图】→【直线】或图标 ✐，立即菜单选"1""角度线"、"2""X 轴夹角"、"3""到点"、"4：度 =""45"，如图 5 - 25、图 5 - 26 所示。单击【修改】→【裁剪】或图标 ✂，配合使用删除图标 ✐，对角度线进行修改，如图 5 - 27 所示。

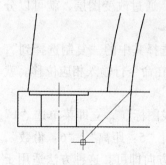 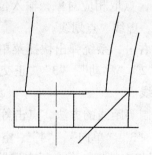 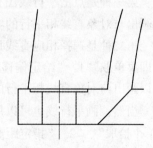

图 5 - 25　绘制角度线（1）　　　图 5 - 26　绘制角度线（2）　　　图 5 - 27　绘制角度线（3）

（21）单击【修改】→【裁剪】或图标 ✂，配合使用删除图标 ✐，剪去减速机外壳被遮部分，把当前层改为"虚线层"，单击【修改】→【圆弧】或图标 ⌒，在立即菜单中选"圆心 - 半径 - 起止角"输入半径 98、起止角分别为 0 和 30。即画得虚线圆，如图 5 - 28 所示。同（20）可得图 5 - 29。

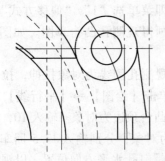 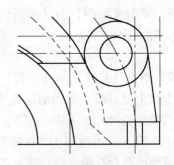

图 5-28　减速机内壳虚线绘制（1）　　　　　5-29　减速机内壳虚线绘制（2）

（22）单击【绘图】→【直线】或图标／，立即菜单选"1""两点线"、"2""连续"、"3""非正交"，补全主视图中的图线。单击【修改】→【裁剪】或图标，配合使用删除图标，对主视图进行修改。这样，主视图就基本画好了，如图 5-30 所示。

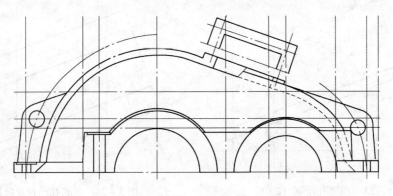

图 5-30　箱盖主视图

注意：在机械绘图设计中最常见的绘图图线是平行线。在这里，我们分别使用了两种方法。

第一种是点击平行线图标／，点取相应对象，输入位移，通过改变图层，就可以分别画出与对象直线相平行的实线、虚线、点划线。

第二种是选择相应直线后，右击，系统弹出快捷菜单，选择其中的"复制选择到"，立即菜单取"1""给定偏移"、"2""移动"、"3""正交"，在命令行输入相应位移。就可以画出与对象直线相平行的直线。

当然，画平行线也可以用绘制等距线的方法，点击等距线图标，立即菜单选"1""单个拾取"、"2""指定距离"、"3""单向"、"4""空心"、"5：距离"、"6：份数"，在立即菜单"5"和"6"中输入相应数据，命令行点取输入方向即可。这种方法适用于绘制表格。具体使用哪种更方便，读者可根据绘图的具体情况选用。

二、箱盖俯视图绘制

（1）点取俯视图图中水平点划线边线，右击出现快捷菜单，选平移（拷贝），输入平移量 0，-98 回车，得俯视图中心线；单击【绘图】→【平行线】或图标／，立即菜单选"1""偏移方式"、"2""单向",在命令行分别输入位移196回车、0回车,则画得边线。

(2)把当前层改为"虚线层",单击【绘图】→【平行线】或图标 ✎,立即菜单选"1""偏移方式"、"2""单向",以水平中心线为对象,在命令行分别输入位移43回车、55回车,可画得减速机壳体内部回油槽虚线的水平方向位置。重复画平行线命令,以第一个轴承孔中心线为对象,在命令行输入72回车,可画得减速机壳体内部左侧回油槽虚线的垂直方向位置。重复画平行线命令,以第二个轴承孔中心线为对象,在命令行输入60回车。按照三视图长对正方法,绘制其他内部垂直虚线。单击【修改】→【裁剪】或图标 ✂,配合使用删除图标 ✎,对图形进行适当修剪。如图5-31所示。

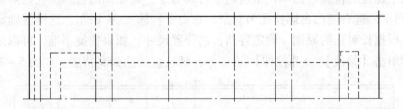

图5-31　俯视图中的回油槽

(3)把当前层改为"0层",单击【绘图】→【平行线】或图标 ✎,立即菜单选"1""偏移方式"、"2""单向",以水平中心线为对象,在命令行分别输入位移51回车、15回车、17.5回车、32.5回车。由长对正原则绘制各形体的宽度。如图5-32所示。

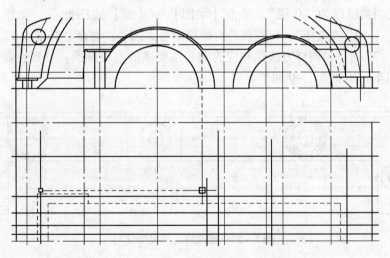

图5-32　由长对正的原则绘制俯视图直线

注意:在运用长对正原则中,多采用先画直线然后单击【修改】→【拉伸】 ✎命令,找出对应点。因为这样绘制较为精确。

(4)单击【修改】→【裁剪】或图标 ✂,配合使用删除图标 ✎,对图形进行适当修剪。如图5-33所示。

(5)把当前层改为"中心线层",单击【绘图】→【平行线】或图标 ✎,立即菜单

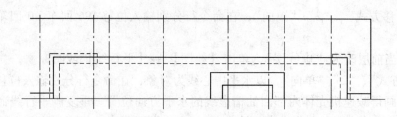

图 5-33　修改后的俯视图（1）

选"1""偏移方式"、"2""单向"，选水平中心线为对象，在命令行分别输入位移 35 回车、25 回车、65 回车，分别确定各连接螺栓在俯视图上的位置，由投影关系和以上方法确定观测孔上螺栓的位置。回车，重复画平行线命令，选左侧凸台螺栓孔为对象，在命令行输入 88 回车，选右侧凸台螺栓孔为对象，在命令行输入 34 回车。这样就确定了各螺栓孔的位置。根据长对正的原则，确定各凸台的位置尺寸。如果捕捉不准，可以采用先画直线，然后再单击【修改】→【拉伸】 命令，延长直线达到高精度。如图 5-34 所示。

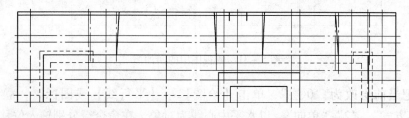

图 5-34　修改后的俯视图（2）

（6）把当前层改为"0 层"，单击【绘图】→【圆】或图标 ，立即菜单选"1""圆心 半径"、"2""直径"，以左侧凸台螺栓中心为圆心。在命令行输入 13 回车、30 回车。如图 5-35 所示。同样方法在相应的圆心按要求的直径画圆。分别在命令行输入 11 回车、24 回车、36 回车、40 回车。

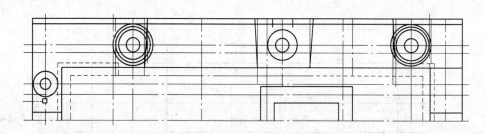

图 5-35　修改后的俯视图（3）

（7）把当前层改为"虚线层"，单击【修改】→【过渡】或图标 ，选择箱体内部虚线对象，修剪，在命令行输入 5 回车、10 回车。如图 5-36 所示。把当前层改回"0 层"，以该圆弧圆心点为圆心，单击【绘图】→【圆】或图标 ，立即菜单选"1""圆心 半径"、"2""半径"，在命令行输入 44 回车。回车，单击【绘图】→【直线】或图标 ，立即菜单选"两点线"，连接圆与轴承凸台，由投影关系绘制左侧螺栓凸台。如图 5-37 所示。

（8）单击【绘图】→【直线】或图标╱，
立即菜单选"1""两点线"、"2""连续"、
"3""非正交"，连接左凸台边线。单击【修
改】→【裁剪】或图标╔，对箱体和凸台进行
修剪。在命令行分别输入 8 回车、3 回车。单
击【修改】→【裁剪】或图标╳，配合使用删
除图标╱，对图形进行修剪，修剪以后可以得
到左侧凸台在俯视图上的形状。如图 5 - 38
所示。

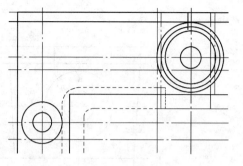

图 5 - 36　修改后左侧螺栓凸台（1）

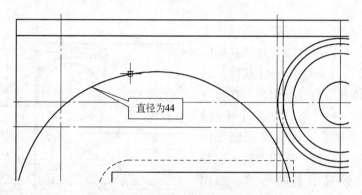

图 5 - 37　修改后左侧螺栓凸台（2）

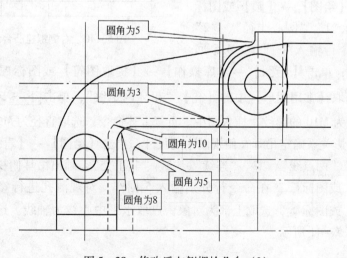

图 5 - 38　修改后左侧螺栓凸台（3）

（9）单击【绘图】→【直线】或图标╱，立即菜单选"1""两点线"、"2""连
续"、"3""非正交"，由投影关系确定中间凸台的尺寸，连接中间凸台边线。如图 5 - 39
所示。单击【修改】→【裁剪】或图标╔，对箱体和凸台进行修剪。在命令行分别输入
5 回车。单击【修改】→【裁剪】或图标╳，配合使用删除图标╱，对图形进行修剪，
修剪以后可以得到中间凸台在俯视图上的形状。如图 5 - 39 所示。

（10）单击【绘图】→【直线】或图标╱，立即菜单选"1""两点线"、"2""连

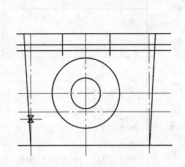

图 5 - 39　中间螺栓凸台绘制

续"、"3""非正交",由投影关系确定中间凸台的尺寸,连接右边凸台边线。如图5 - 40 所示。单击【修改】→【裁剪】或图标☐,对箱体和凸台进行修剪。在命令行输入 5 回车、44 回车。单击【修改】→【裁剪】或图标☐,配合使用删除图标☐,对图形进行修剪,修剪以后可以得到右侧凸台在俯视图上的形状。如图5 - 40所示。

（11）单击【绘图】→【圆】或图标⊙,立即菜单选"1""圆心半径"、"2""半径",在命令行输入 4 回车,4.5 回

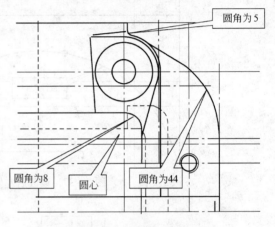

图 5 - 40　右侧螺栓凸台绘制

车,绘制圆锥销,单击【绘图】→【库操作】→【提取图符】或图标☐,在"提取图符"对话框中选取【常用图形】中的【孔】"粗牙内螺纹",单击 下一步 按钮,拖动滚动条,选取直径为 M10 的螺纹,插入图中。重复上述命令,选取直径为 M6 的螺纹,插入观测孔中。由投影关系确定吊耳在俯视图中的尺寸,单击【绘图】→【直线】或图标✎,立即菜单选"1""两点线"、"2""连续"、"3""非正交",画出吊耳俯视图。单击【修改】→【裁剪】或图标☐,在命令行分别输入 5 回车,对观测孔进行修剪。单击【修改】→【镜像】或图标⋀,选取上部为对象,点取水平中心线为轴线。这样俯视图基本就作好了。如图 5 - 41 所示。

三、箱盖左视图绘制

（1）单击【工具】→【三视图导航】。

（2）单击动态显示缩放按钮☐或运用鼠标滚轮,对图形进行放大,以捕捉精确的导航第一点。如图 5 - 42 所示。

（3）按宽相等的原则,利用三视图导航功能,单击【绘图】→【直线】或图标✎,立即菜单选"1""两点线"、"2""正交"方式,确定零件在左视图各个部分的宽度,如图 5 - 43 所示。

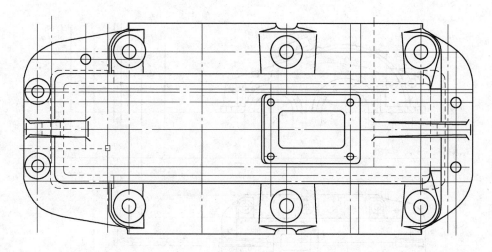

图 5 - 41　箱盖俯视图

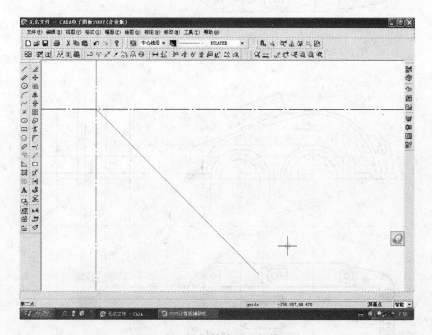

图 5 - 42　捕捉精确的导航第一点

　　（4）按高平齐的原则，利用导航功能，单击【绘图】→【直线】或图标✎，立即菜单选"1""两点线"、"2""连续"、"3""正交"方式、"4""点方式"，确定零件在左视图各个部分的高度。如图 5 - 44 所示。

　　（5）单击【绘图】→【直线】或图标✎，立即菜单选"1""两点线"、"2""连续"，连接相应线段。单击【修改】→【裁剪】或图标✂，配合使用删除图标✐，对图形进行修剪，修剪后，可得左视图。如图 5 - 45 所示。

　　（6）按半剖要求修改左视图，单击【绘图】→【直线】或图标✎，立即菜单选"1""两点线"、"2""连续"，连接相应线段。单击【修改】→【裁剪】或图标◤，修剪图

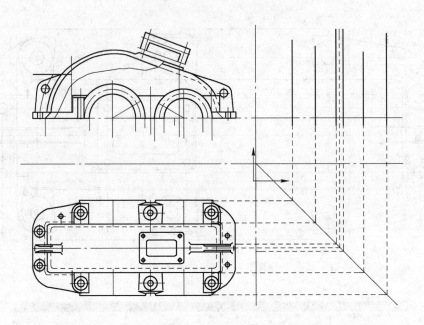

图 5 – 43　按宽相等的原则确定的左视图各个部位水平尺寸

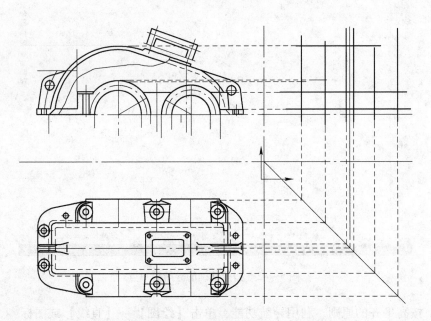

图 5 – 44　高平齐原则确定的左视图各个部位的高度尺寸

形，在命令行分别输入 5 回车、6 回车、14 回车、3 回车。如图 5 – 46 所示。

（7）到此为止，减速机箱盖的基本形状就画出来了，单击【绘图】→【剖面线】或剖面线图标🔲，绘制各处剖面线，注意绘制剖面线区域一定要封闭。最后根据情况对图形进行修改编辑。补全各视图上缺线或缺的图形，单击【修改】→【裁剪】或图标✂，配合使用删除图标🖊，对图形进行修改，这样就画出箱盖的三视图，如图 5 – 47 所示。

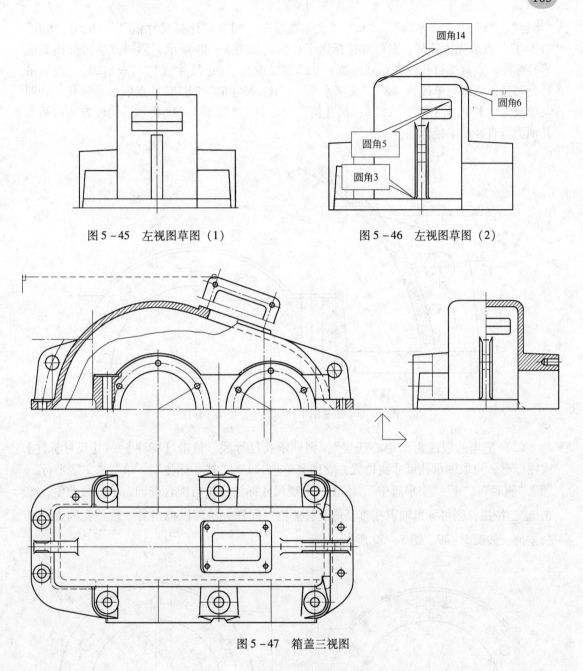

图 5 – 45　左视图草图（1）　　　　　　　图 5 – 46　左视图草图（2）

图 5 – 47　箱盖三视图

任务二　减速机箱盖的尺寸标注

　　减速机箱体零件的尺寸标注比较复杂，标注尺寸的类型比较多，在这里我们就按三个视图分别标注。

一、箱盖主视图尺寸标注

　　（1）单击【标注】→【尺寸标注】或图标⊢⊣，立即菜单选"1"、"基本标注"、"2"

"半径"、"3""文字平行"、"4""文字拖动"、"5""计算尺寸值"、"6：尺寸值"
"R140"。点取壳体外圆，则可直接标出半径值。如图 5 – 48 所示，同样方法可标出其他
半径标注。点取螺钉孔位置点划线圆，立即菜单改为"6：尺寸值"、"%c120"。点取吊
耳处圆弧，立即菜单改为"3""文字水平"、"6：尺寸值""R18"。点取吊耳圆孔，立即
菜单改为"3""文字水平"、"6：尺寸值""%c18"。如图 5 – 48 所示。同样方法可标出
其他类似直径和半径标注。

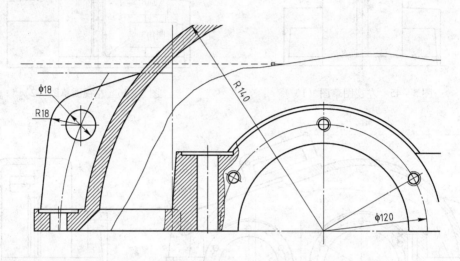

图 5 –48　主视图半径和部分直径尺寸标注

（2）把当前层改为"中心线层"，画轴承孔尺寸线，单击【标注】→【尺寸标注】
或图标￼，点取轴承孔尺寸线位置，立即菜单选"1""基本标注"、"2""文字平行"、
"3""直径"、"4""文字居中"，右击，出现尺寸标注公差与配合查询，填入公差值，单
击确定按钮，则可标出轴承孔直径值及公差值。同样方法可以标出另一轴承孔的直径及
公差值。如图 5 –49、图 5 –50 所示。

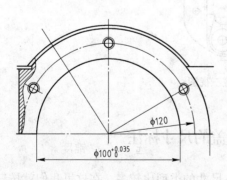

图 5 –49　直径为 100 的轴承孔标注

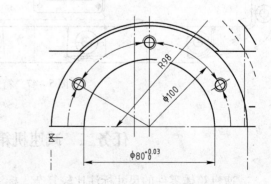

图 5 –50　直径为 80 的轴承孔标注

（3）右击，重复尺寸标注命令，立即菜单选"1""半标注"、"2""直径"、"4"输
入"尺寸值" = "%c140"，则可标出大轴承孔外圆直径。如图 5 –51 所示。
（4）右击，重复尺寸标注命令，立即菜单选"1""基本标注"、"2""文字平行"、

"3""直径"、"4""文字居中",点取小轴承孔直径边界,则可标出小轴承孔外圆直径。"3"改为"长度"标注长度尺寸,如图5-52所示。

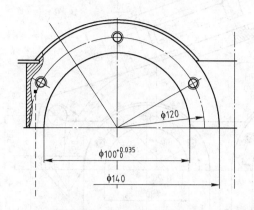

图5-51 大轴承孔外圆直径半标注

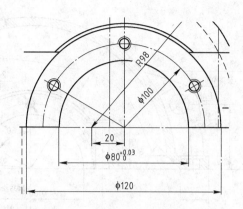

图5-52 小轴承孔外圆直径标注

(5)单击【标注】→【尺寸标注】或图标，立即菜单选"1""基本标注"、"2""半径"、"3""文字水平"、"4""文字居中",右击,系统弹出"尺寸标注属性设置"对话框,输入相应文字标注,如图5-53所示。单击 确定 按钮,选择相应位置,则在图中标出引出说明。如图5-54所示。

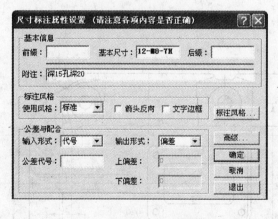

图5-53 螺纹的引出说明

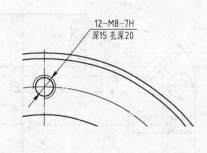

图5-54 引出说明标注

(6)同样步骤可以标出其他引出说明。

(7)单击【标注】→【尺寸标注】或图标，立即菜单选"1""锥度标注"、"2""锥度"、"3""正向"、"4""加引线"、"5""文字无边框",选定位销中心线为轴线,按提示点击销孔边缘,则可标出销孔锥度。

(8)右击,重复尺寸标注命令,立即菜单中选"1""基本标注",点取相应尺寸边界,标注各个长度尺寸。编辑各尺寸的位置。

(9)分别点取螺栓孔角度线,标注角度。这样主视图尺寸就基本标完了,如图5-55所示。

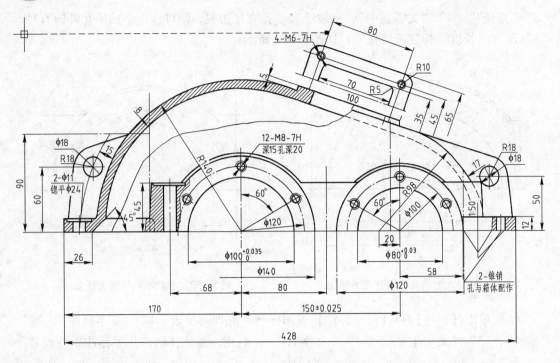

图 5 – 55　主视图尺寸标注

二、箱盖俯视图尺寸标注

箱盖俯视图尺寸标注如图 5 – 56 所示。

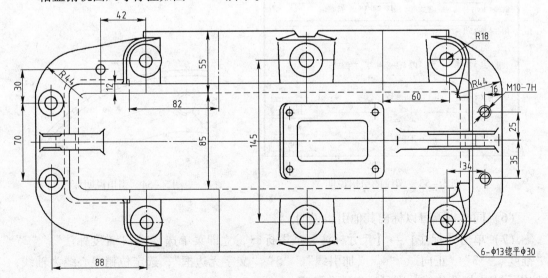

图 5 – 56　俯视图尺寸标注

三、箱盖左视图尺寸标注

（1）单击【标注】→【尺寸标注】或图标，立即菜单中选择"基本标注"，选择各个尺寸边界，注意在标注垂直尺寸时立即菜单选标注"文字平行"标注各长度尺寸。

（2）右击，重复尺寸标注命令，选取两处圆弧，立即菜单中选"2""半径"、"3""文字水平"，则可标出凸台、凸壳处圆半径。

（3）单击【标注】→【尺寸标注】或图标█，立即菜单选"1""锥度标注"、"2""锥度"、"3""正向"、"4""加引线"、"5""文字无边框"，标得锥度。立即菜单选"1""锥度标注"、"2""斜度"、"3""正向"、"4""加引线"、"5""文字无边框"，如图5－57所示。

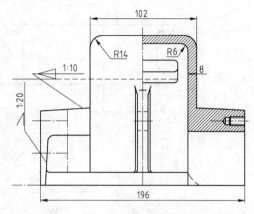

图5－57 箱盖左视图尺寸标注

四、箱盖形位公差，粗糙度标注

（1）单击【标注】→【基准代号】或图标▣，立即菜单中分别输入基准名称为 B、C。大轴承孔中心，小轴承孔中心为基准。

（2）单击【标注】→【形位公差】或图标▥，标注平行度、垂直度、圆柱度、平面度等形位公差。方法同课题二。

（3）单击【标注】→【粗糙度】图标√，根据相应表面的情况，标注合适的表面粗糙度。

到此为止减速机箱盖的标注就基本结束，如图5－58～图5－60所示。

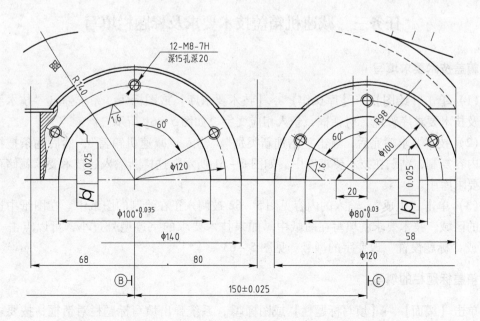

图5－58 基准名称、圆柱度、粗糙度标注

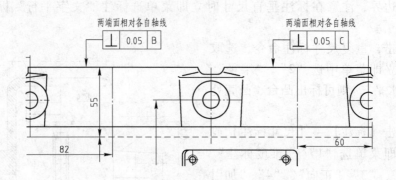

图 5 – 59 端面垂直度标注

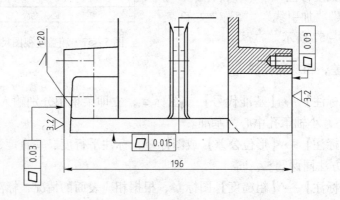

图 5 – 60 端面平面度、斜度、粗糙度标注

任务三 减速机箱盖技术要求及标题栏填写

一、箱盖技术要求填写

（1）单击【绘图】→【库操作】→【技术要求库】或图标 ，系统弹出"技术要求生成及技术要求库管理"对话框，录入相应文字，如图 5 – 61 所示。

（2）技术要求输完后，点击"增加新类别"，输入"减速机箱盖"，然后逐条把技术要求内容复制，粘贴在技术要求库中。如图 5 – 61 所示，这样新输入的技术要求就储存在技术要求库中。

（3）单击"生成"，输入的内容见图 5 – 62 被调入正在绘制的图纸中。在图纸中选择合适的区域，技术要求就填写在图纸中。如果技术要求的字迹型号过小，可以点击"设置"或"标题设置"改变字的型号。见图 5 – 63。

二、箱盖标题栏的填写

单击【幅面】→【填写标题栏】或图标 ，系统弹出填写标题栏对话框，按要求填写后即可。按课题二步骤。填写好的标题栏输出在图纸中，如图 5 – 64 所示。

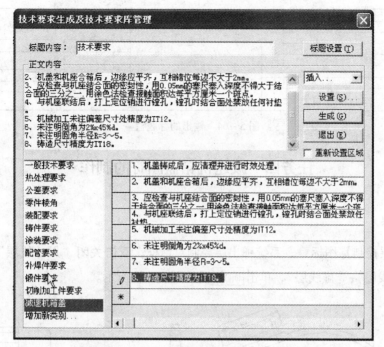

图 5–61　减速机箱盖技术要求的输入与存入

技术要求

1、机盖铸成后，应清理并进行时效处理。

2、机盖和机座合箱后，边缘应平齐，互相错位每边不大于 2mm。

3、应检查与机座结合面的密封性，用 0.05mm 的塞尺塞入深度不得大于结合面的三分之一，用涂色法检查接触面积达每平方厘米一个斑点。

4、与机座联结后，打上定位销进行镗孔，镗孔时结合面处禁放任何衬垫。

5、机械加工未注偏差尺寸处精度为 IT12 。

6、未注明倒角为 $2 \times 45°$ 。

7、未注明圆角半径 R=3~5 。

8、铸造尺寸精度为 IT18 。

图 5–62　图纸上输出的技术要求

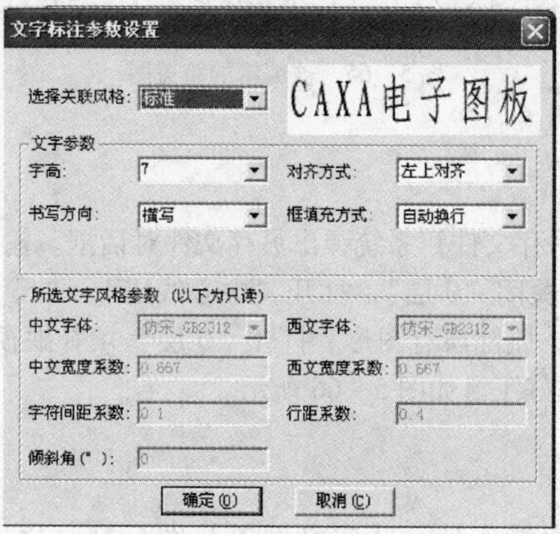

图 5–63　技术要求字型设置

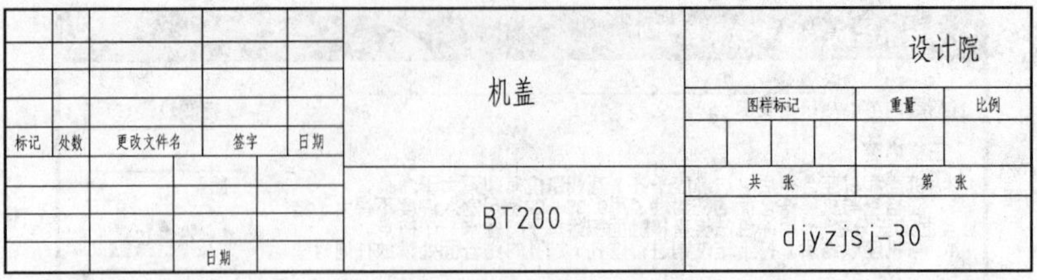

					机盖		设计院		
							图样标记	重量	比例
标记	处数	更改文件名	签字	日期					
					BT200		共　张		第　张
			日期				djyzjsj-30		

图 5－64　输出的标题栏

任务四　减速机箱盖图符的制作

一、关闭图层

单击【层控制】图标，系统弹出层控制对话框，双击关闭"尺寸线层"、"细实线层"、"剖面线层"、"虚线层"，单击 确定 后如图 5－65 所示。

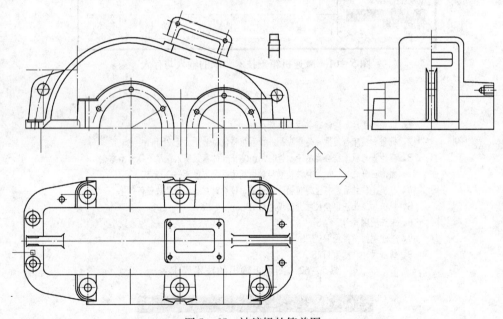

图 5－65　被编辑的箱盖图

二、绘制箱盖图符

单击【文件】→【另存文件】系统弹出另存文件对话框。输入 xgtf1 点击保存，把当前层改为"中心线层"，关闭"0 层"，打开"中心线层"、"尺寸线层"、"细实线层"、"剖面线层"、"虚线层"，删除所有图形。打开"0 层"填补缺损的线条，画上必要的中心线。箱盖图符图形就作好了。如图 5－66 所示。

三、定义箱盖图符

单击【绘图】→【库操作】→【定义图符】图标，立即菜单中输入视图数为

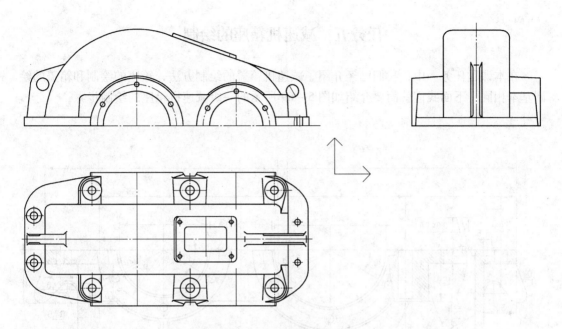

图 5-66　箱盖图符图形

"3"，选择主视图为第一视图，大轴承孔中心为基点；俯视图为第二视图，大轴承孔中心为基点；左视图为第三视图，底面中心为基点；单击 确定 后系统出现图符入库对话框，选择图符大类为【一级圆柱齿轮减速机1】，图符小类为【箱体】图符名为"机盖"，确定后图符入库。如图 5-67 所示。

单击【绘图】→【库操作】→【提取图符】图标，系统弹出提取图符对话框，选取其中图符大类【一级圆柱齿轮减速机】，图符小类【箱体】，图符列表"机盖"，单击 下一步 按钮。则图符被调出，如图 5-68 所示。

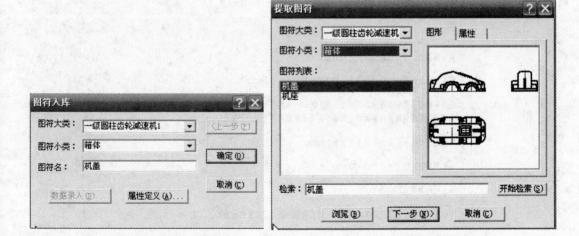

图 5-67　机盖图符入库　　　　　　　　图 5-68　机盖图符提取

任务五　减速机箱座的绘制

在本课题任务一中，我们已经介绍了减速机箱盖的绘制方法，箱座的绘制和箱盖的绘制基本相同。下面我们就简要介绍如图 5 – 69 所示的一级减速机箱座的绘制步骤：

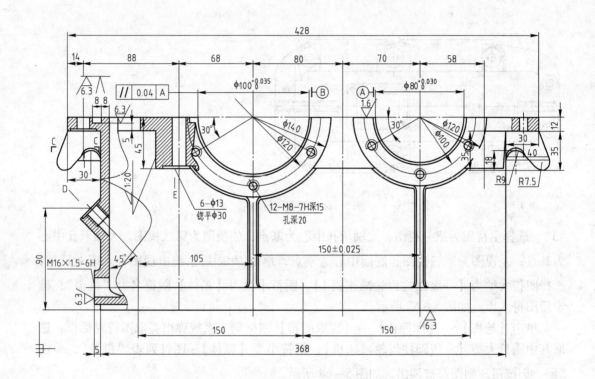

技术要求

1、机座铸成后，应清理铸件，并进行时效处理；

2、机盖和机座合箱后，边缘应平齐，相互错位每边不大于2mm；

3、机座与机箱盖部分面接触的密合性，用0.05mm塞尺塞入深度不得大于剖分面宽度的三分之一，用涂色检查接触面积达到每平方厘米面积内不少于一个斑点；

4、轴承孔中心线与剖面的位置度不大于0.3mm；

5、未注明的铸造圆角半径R=5~10mm；

6、未注明的倒角为2×45°；

7、与机盖连接后，打上定位销进行镗孔，镗孔时结合面处禁放任何衬垫；

8、机座不准漏油。

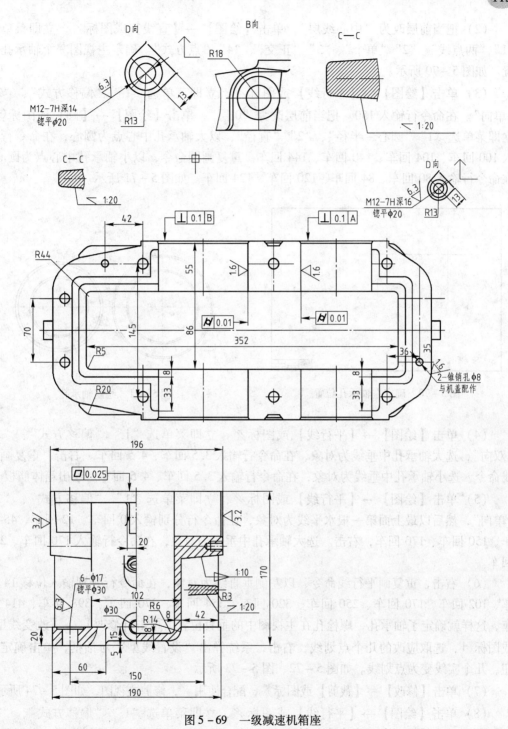

图 5 - 69　一级减速机箱座

一、箱座主视图绘制

（1）单击【幅面】→【图幅设置】或图标☒根据零件的尺寸，A0 比例 1：1。调入图框选 "HENGA0"，调入标题栏选 "Mechanical Standard A" 单击 确定 。

（2）把当前层改为"中心线层"，单击【绘图】→【直线】或图标✐，立即菜单选"1""两点线"、"2""单个"、"3""正交"、"4""点方式"。确定主视图一个轴承孔位置。如图 5 - 70 所示。

（3）单击【绘图】→【平行线】或图标✐，立即菜单选"1""偏移方式"、"2""单向"。在命令行输入 150。把当前层改为"0 层"，单击【绘图】→【圆】或图标⊕，立即菜单选"1""圆心 - 半径"、"2""直径"，以大轴承孔中心点为圆心，在命令行输入 100 回车、104 回车、140 回车、144 回车。重复画圆命令，以小轴承孔中心点为圆心，在命令行输入 80 回车、84 回车、120 回车、124 回车。如图 5 - 71 所示。

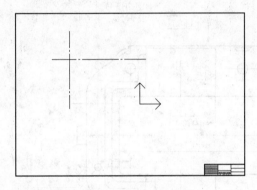

图 5 - 70　确定左轴承孔位置

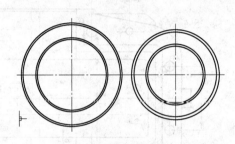

图 5 - 71　绘制轴承孔

（4）单击【绘图】→【平行线】或图标✐，立即菜单选"1""偏移方式"、"2""双向"，选大轴承孔中垂线为对象，在命令行输入 3.5 回车、4.5 回车。右击，重复画直线命令，选小轴承孔中垂线为对象，在命令行输入 3.5 回车、4.5 回车。绘出箱体筋板。

（5）单击【绘图】→【平行线】或图标✐，立即菜单选"1""偏移方式"、"2""单向"，然后以最上面第一根水平线为对象，在命令行分别输入 0 回车、12 回车、45 回车、150 回车、170 回车，右击。选大轴承孔中垂线为对象，在命令行输入 170 回车、258 回车。

（6）右击，重复画平行线命令，以左侧垂直线为对象，在命令行分别输入位移 14 回车、102 回车、170 回车、250 回车、320 回车、354 回车、370 回车、398 回车、414 回车，这样就确定了轴承孔，螺栓孔在主视图中的垂直位置。单击【修改】→【改变线型】或图标▐，选取应改的几个点划线，右击，系统弹出"设置线型"对话框，单击确定按钮，几个实线变为点划线。如图 5 - 72、图 5 - 73 所示。

（7）单击【修改】→【裁剪】或图标✄，配合使用✐，修剪主视图，如图 5 - 74 所示。

（8）单击【绘图】→【平行线】或图标✐，立即菜单选"1""偏移方式"、"2""单向"。以底线为对象，在命令行输入 90 回车。找到油标凸台中心线的位置。立即菜单改为"1""角度线"，如图 5 - 75 所示。以其与左侧垂直边线的交点为第一点，绘制角度线。单击【绘图】→【平行线】或图标✐，立即菜单选"1""偏移方式"、"2""双向"。以上述角度线为对象，在命令行输入 13，则可绘出油标凸台在主视图中的位置。如图 5 - 76、图 5 - 77 所示。

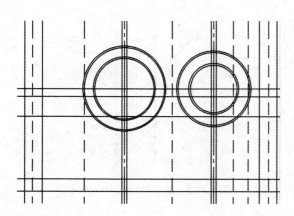

图 5 - 72　运用改变线型功能

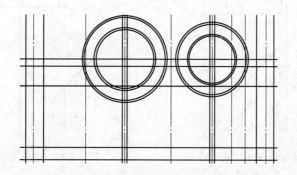

图 5 - 73　把实线改为点划线

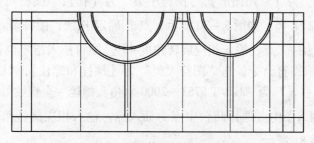

图 5 - 74　修剪的箱座草图

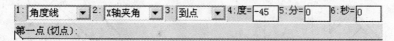

图 5 - 75　画角度线的立即菜单

（9）立即菜单改为"1""角度线"、"2""X 轴夹角"、"3""到点"、"4：度 ="
"-45"、"5：分 =""0"、"6：秒 =""0"。绘制油标凸台。如图 5 - 78 所示。

（10）单击【绘图】→【平行线】或图标⌗，立即菜单选"1""偏移方式"、"2"
"单向"。以内侧边线为对象，在命令行输入 8 回车，单击【修改】→【裁剪】或图标
⌗，配合使用⌗，修剪主视图，如图 5 - 79 所示。

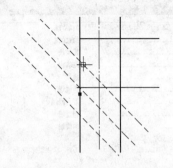

图 5 – 76   确定油标凸台位置（1）

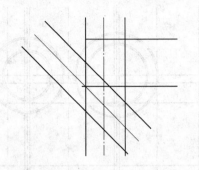

图 5 – 77   确定油标凸台位置（2）

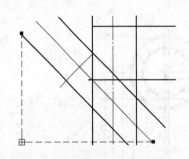

图 5 – 78   绘制油标凸台位置（1）

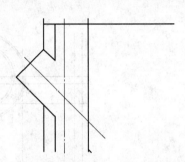

图 5 – 79   绘制油标凸台位置（2）

（11）单击【绘图】→【库操作】→【提取图符】或图标🔲，在"提取图符"对话框，选"图符大类"为【常用图形】，"图符小类"为【孔】，"图符列表"为"六角螺钉沉孔"。螺钉选 M12 深 16。如图 5 – 80 所示，点击 确定 按钮，图符调入图中。

选择凸台中点为插入点，输入相应旋转角度 45°。图符插入指定位置，如图 5 – 80 所示。同样，重复提取图符命令，选"图符大类"为【螺栓和螺柱】，"图符小类"为【六角头螺栓】，"图符列表"为"GB/T 5783—2000 六角头螺栓 – 全螺纹"。M12 深 30，点击 确定 按钮，图符调入图中。选择凸台中点为插入点，输入相应旋转角度 45°。图符插入指定位置，如图 5 – 81 所示。

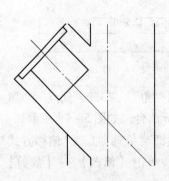

图 5 – 80   提取螺钉沉孔图符

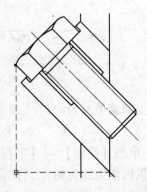

图 5 – 81   提取六角头螺栓图符

（12）分别点取螺钉沉孔、六角头螺栓图符，如图 5-82 所示，右击，在弹出的快捷菜单中选"块打散"。单击【绘图】→【平行线】或图标 ∥，立即菜单选"1""偏移方式"、"2""双向"，绘制螺纹线。用图 5-12~图 5-14 的方法改孔边线为细实线。单击【修改】→【拉伸】或图标 ∕，补齐所缺线段。单击【修改】→【裁剪】或图标 ✂，配合使用 ∕，修剪凸台，如图 5-83 所示。

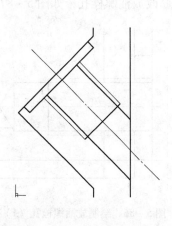

图 5-82 打散螺钉沉孔、六角头螺栓图符　　　　　图 5-83 修剪的油标凸台

（13）单击【绘图】→【孔/轴】或图标 ⊕，立即菜单选"1""孔"、"2""两点确定角度"，在图中点取插入点，系统弹出立即菜单，改"起始直径""13"、"终止直径""13"，在命令行输入 43 回车。立即菜单，改"起始直径""30"、"终止直径""30"，在命令行输入 5 回车。如图 5-84 所示。

（14）立即菜单改"起始直径""11"、"终止直径""11"，在命令行输入 10 回车。立即菜单改"起始直径""30"、"终止直径""30"，在命令行输入 3 回车，如图 5-85所示。

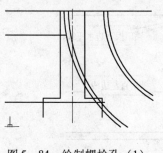

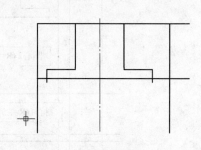

图 5-84 绘制螺栓孔（1）　　　　　　　　图 5-85 绘制螺栓孔（2）

（15）单击【绘图】→【平行线】或图标 ∥，立即菜单选"1""偏移方式"、"2""单向"。点取左侧垂直边线，在命令行输入 5 回车。画出放油螺栓凸台边线。单击【绘

图】→【库操作】→【提取图符】或图标🔳，在"提取图符"对话框，选"图符大类"为【常用图形】、"图符小类"为【孔】、"图符列表"为"螺纹盲孔"。选 M16，插入相应位置，点取螺纹盲孔图符，右击，在弹出的快捷菜单中选"块打散"。如图 5 – 86 所示。

（16）单击【绘图】→【直线】或图标╱，立即菜单选"1""两点线"、"2""单个"、"3""正交"、"4""点方式"。补全缺线，单击【修改】→【裁剪】或图标🔲，画箱体内部圆角，在命令行分别输入 5 回车。单击【修改】→【裁剪】或图标✂，配合使用✏，修改放油螺栓孔，如图 5 – 87 所示。

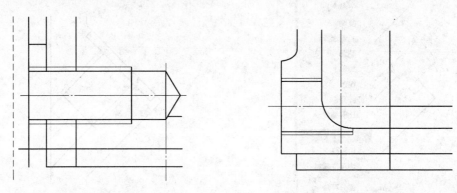

图 5 – 86　绘制放油螺栓孔（1）　　　　　图 5 – 87　绘制放油螺栓孔（2）

（17）单击【绘图】→【平行线】或图标╱，立即菜单选"1""偏移方式"、"2""单向"。点取顶板下边水平线，在命令行输入 35 回车。右击重复上一条命令，以新画的直线为对象，在命令行输入 9 回车、7.5 回车。以箱座垂直左边线为对象，在命令行输入 40 回车。以新画的直线为对象，在命令行输入 7.5 回车、16.5 回车。这样我们就根据给定尺寸，运用绘制"平行线"方法，确定吊耳中圆的圆心。如图 5 – 88 所示。

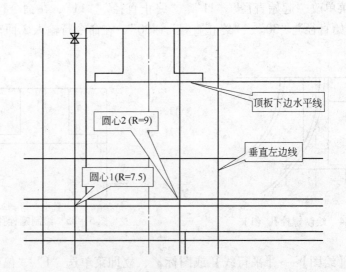

图 5 – 88　确定吊耳中各个圆的圆心

（18）单击【绘图】→【圆】或图标⊙，找出相应的圆心点，在命令行分别输入半径7.5回车、9回车。单击【绘图】→【直线】图标／，立即菜单选"1""两点线"、"2""连续"、"3""非正交"、"4""点方式"，连接两圆圆心直线 O_1O_2。找到两连线的中点，单击【绘图】→【圆】或图标⊙，以 O_2 为圆心点，在命令行分别输入半径16.5回车。以 O_1O_2 之长为直径，以其中点为圆心作圆。两辅助圆相交于 M_3 和 N_3；单击【绘图】→【直线】图标／，立即菜单选"1""两点线"、"2""连续"、"3""非正交"、"4""点方式"，连 O_2N_3 交圆 O_2 于 N_2，过 O_1 作 $O_1N_1/\!/O_2N_2$；连 N_1N_2 即为所求两个已知圆的内公切线。如图5 - 89所示。

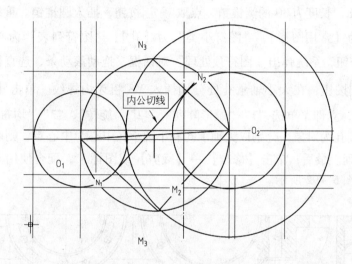

图5 - 89　确定吊耳外形（1）

（19）单击【修改】→【裁剪】或图标苯，配合使用，修改吊耳。单击【绘图】→【直线】或图标／，立即菜单选"1""两点线"、"2""连续"、"3""非正交"、"4""点方式"，连接吊耳外侧到顶板的直线。单击【绘图】→【圆】或图标⊙，找出相应的圆心点，在命令行输入半径9回车。左吊耳就画好了。如图5 - 90所示。

（20）单击【修改】→【镜像】或图标▲，选左吊耳为对象，箱座中垂线为轴线，则画得右吊耳，如图5 - 91所示。

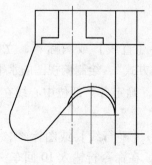

图5 - 90　左吊耳

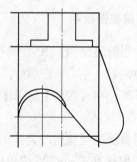

图5 - 91　右吊耳

（21）单击【绘图】→【直线】或图标／，立即菜单选"1""两点线"、"2""连续"、"3""非正交"、"4""点方式"，补全漏线和油槽。单击【绘图】→【样条】或图标～，绘制几个剖面线区域线。单击【绘图】→【剖面线】或图标▨，绘制剖面线。单击【绘图】→【圆】或图标⊙，立即菜单"1"选"圆心－半径"、"2"选"半径"，把当前层改为"中心线层"，分别以大轴承孔和小轴承孔中心为圆心，在命令行分别输入半径60回车、半径50回车。确定插入螺纹孔的位置。单击【绘图】→【库操作】→【提取图符】或图标▦，选"图符大类"为【销】，"图符小类"为【圆锥销】，"图符列表"为"GB/T 117—2000圆锥销A型"，点取下一步按钮，系统弹出"图符预处理"对话框，选直径为8，长度为30的圆锥销。点取确定按钮，插入圆锥销。重复上面命令，选"图符大类"为【常用图形】，"图符小类"为【孔】，"图符列表"为"粗牙内螺纹"，单击下一步按钮，系统弹出"图符预处理"对话框，拖动滚动条，选直径为8粗牙内螺纹。单击确定按钮，在大小轴承孔处分别插入M8粗牙内螺纹。单击【修改】→【阵列】或图标▦，立即菜单选"1""圆形阵列"、"2""旋转"、"3""均布"、"4：份数"、"6"。点取螺纹孔为对象，分别以大轴承孔和小轴承孔中心为中心点，则画出两个轴承孔粗牙内螺纹阵列。最后，单击【修改】→【裁剪】或图标ᶜ，配合使用✎，这样主视图就画好了。如图5-92所示。

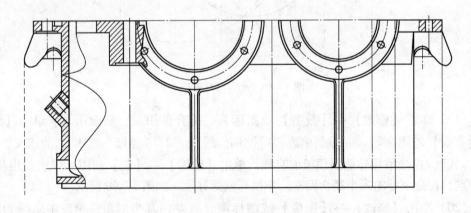

图5-92 箱座主视图

二、箱座俯视图绘制

（1）当前层改为"中心线层"，单击【绘图】→【直线】或图标／，立即菜单选"1""两点线"、"2""连续"、"3""正交"、"4""点方式"，绘制俯视图的水平中心线。单击【修改】→【拉伸】或图标／，按长对正的原则，确定各个部位中心线在俯视图中的位置。

（2）重新把当前层改为"0层"，单击【绘图】→【平行线】或图标∥，立即菜单选"1""偏移方式"、"2""单向"。点取水平中心线，在命令行输入10回车、43回车、51回车、59回车、84回车、98回车、96回车。

（3）重复画平行线命令，点取左轴承孔中心线，按长对正的原则，确定箱座外型各个部位投影线在俯视图中的位置。如图5-93所示。

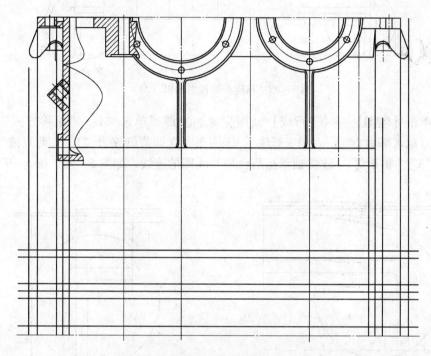

图5-93　箱座外形投影

（4）单击【修改】→【过渡】或图标■，立即菜单选"1""圆角"、"2""裁剪"、"3：半径＝""5"回车。修剪箱座内壁。把"3：半径＝"改为"8"回车，"3：半径＝"改为"10"回车。修剪回油槽。单击【绘图】→【圆】或图标⊙，立即菜单"1"选"圆心－半径"、"2"选"半径"，在命令行输入半径44。单击【修改】→【裁剪】或图标■，配合使用■，对图形进行修改。如图5-94所示。

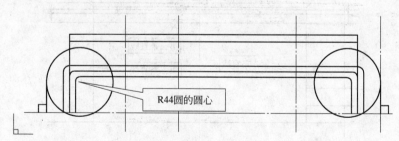

R44圆的圆心

图5-94　箱座外形投影编辑（1）

（5）单击【绘图】→【平行线】或图标■，立即菜单选"1""偏移方式"、"2""双向"。点取大轴承孔中心线，在命令行输入50回车、70回车。重复画平行线命令，点取小轴承孔中心线，在命令行输入40回车、60回车。单击【修改】→【裁剪】或图标■，配合使用■，对图形进行修改。如图5-95所示。

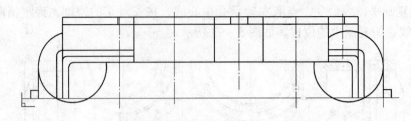

图 5-95　箱座外形投影编辑（2）

（6）单击【绘图】→【平行线】或图标 ∥，立即菜单选"1""偏移方式"、"2""单向"。点取水平中心线，在命令行输入 93 回车。立即菜单改为"1""两点线"、"2""连续"、"3""非正交"。连接轴承孔凸台与 R44 圆的连线，如图 5-96、图 5-97 所示。

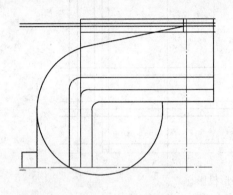

图 5-96　箱座外形投影编辑（3）

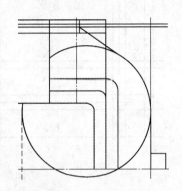

图 5-97　箱座外形投影编辑（4）

（7）单击【修改】→【过渡】或图标 ，立即菜单中选"1""内倒角"、"2：长度＝""2"、"3：倒角＝""45"。按立即菜单的提示，按第一、第二、第三的点取顺序，给大轴承孔和小轴承孔倒角。如图 5-98 所示。

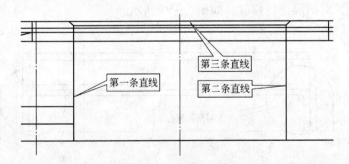

图 5-98　大轴承孔内倒角

（8）单击【修改】→【裁剪】或图标 ，配合使用 ，对图形进行编辑。如图 5-99 所示。

（9）单击【绘图】→【平行线】或图标 ∥，立即菜单选"1""偏移方式"、"2""单向"，点取大轴承孔左侧垂直边线，在命令行输入 8 回车；重复直线命令，点取小轴承孔右侧垂直边线，在命令行输入 8 回车。重复直线命令，点取水平中心线，在命令行输

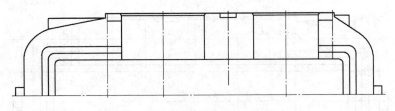

图 5 – 99　箱座外形投影编辑（5）

入 72. 5 回车、35 回车。从而确定了箱座上几个螺栓孔的位置。按图 5 – 12 ~ 图 5 – 14 的方法，改螺栓孔垂直中心线为点划线。如图 5 – 100 所示。

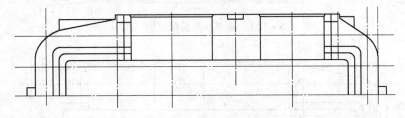

图 5 – 100　箱座外形投影编辑（6）

（10）单击【修改】→【裁剪】或图标，配合使用，对图形进行编辑。单击【修改】→【过渡】或图标，立即菜单选"1""圆角"、"2""裁剪"、"3：半径 ="""5"，编辑油槽。点击【绘图】→【圆】或图标，立即菜单"1"选"圆心 – 半径"、"2"选"半径"，在命令行分别输入半径 6. 5 回车、5. 5 回车。绘制螺栓孔。如图 5 – 101 所示。

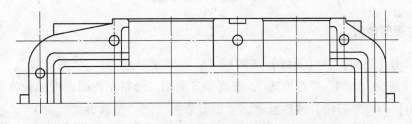

图 5 – 101　箱座外形投影编辑（7）

（11）单击【修改】→【镜像】或图标，选取箱座上部为对象，中心线为轴线做镜像。如图 5 – 102 所示。

（12）单击【修改】→【过渡】或图标，立即菜单选"1""圆角"、"2""裁剪"、"3：半径 ="""5"，编辑轴承孔凸台。立即菜单改为"1""圆角"、"2""裁剪"、"3：半径 ="""20"，编辑底板。单击【绘图】→【平行线】或图标，立即菜单选"1""偏移方式"、"2""单向"，点取水平中心线，在命令行输入 35 回车。重复直线命令，点取左侧螺栓孔垂直中心线，在命令行输入 42 回车。单击【绘图】→【圆】或图标，立即菜单"1"选"圆心 – 半径"、"2"选"半径"，在命令行分别输入半径 3. 5 回车、4 回车。补画圆锥销孔。单击【修改】→【裁剪】或图标，配合使用，对图形进行编辑。如图 5 – 103 所示。

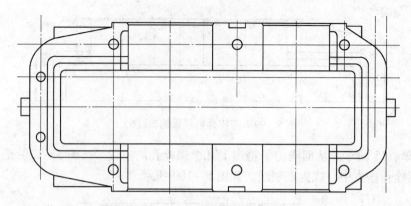

图 5 – 102　　箱座外形投影编辑（8）

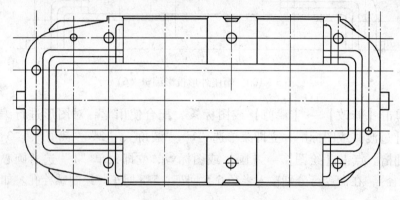

图 5 – 103　　箱座外形投影编辑（9）

三、箱座左视图绘制

（1）单击【绘图】→【直线】或图标✐，立即菜单选"1""两点线"、"2""连续"、"3""正交"、"4""点方式"，按高平齐原则，绘制左视图底板顶板位置和高度。单击【绘图】→【平行线】或图标✐，立即菜单选"1""偏移方式"、"2""单向"。分别输入 95 回车、93 回车、98 回车、51 回车。如图 5 – 104 所示。

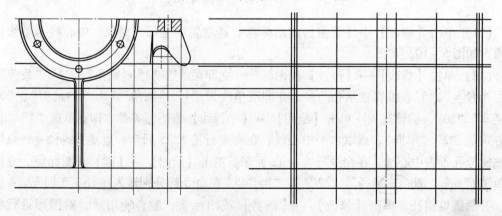

图 5 – 104　　按高平齐原则投影箱座外形左视图

（2）单击【修改】→【裁剪】或图标 ✄，配合使用 ✐，对图形进行编辑。如图5-105 所示。

（3）单击【绘图】→【直线】或图标 ／，立即菜单选"1""两点线"、"2""连续"、"3""非正交"，绘制左侧轴承孔和螺栓孔凸台。单击【修改】→【裁剪】或图标✄，配合使用 ✐，对图形进行编辑。如图5-106 所示。

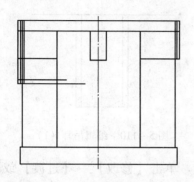
图5-105　编辑的箱座左视图（1）

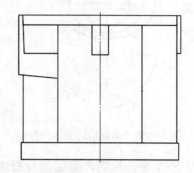
图5-106　编辑的箱座左视图（2）

（4）按高平齐原则，确定油标螺栓凸台在左视图中的位置。单击【标注】→【尺寸标注】或图标 ↦，立即菜单中选择"基本标注"，选择各个尺寸边界，量取螺栓孔在左视图中的尺寸，从而确定螺栓孔投影椭圆的短轴。

（5）单击【绘图】→【椭圆】或图标 ⬭，在立即菜单分别输入椭圆长半轴13、短轴9.2，长轴6、短半轴4.2，长半轴10、短半轴7.8，长半轴5、短半轴3.5 四个椭圆。如图5-107 所示。

（6）单击【修改】→【裁剪】或图标 ✄，配合使用 ✐，对图形进行编辑。如图5-108 所示。

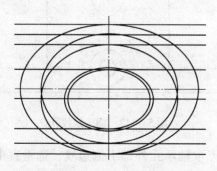
图5-107　油标凸台投影椭圆绘制（1）

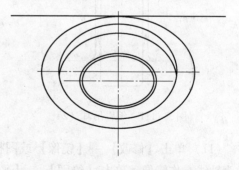
图5-108　油标凸台投影椭圆绘制（2）

（7）单击【绘图】→【直线】或图标 ／，立即菜单选"1""两点线"、"2""连续"、"3""非正交"，画凸台垂直边线。单击【绘图】→【样条】或图标 ～，绘制样条线。点击【修改】→【过渡】或图标 ◢，立即菜单选"1""圆角"、"2""裁剪始边"、"3：半径＝""2"，编辑轴承孔凸台。单击【修改】→【镜像】或图标 ▲，点取样条曲线，选垂直中心线为轴线，作镜像。单击【修改】→【打断】或图标 ⊐，打断水平直线。

单击【修改】→【裁剪】或图标 ，配合使用 ，对图形进行编辑。如图 5 – 109 所示。

（8）单击【绘图】→【平行线】或图标 ，立即菜单选"1""偏移方式"、"2""单向"。分别以吊耳两侧边线为对象，在命令行输入 2 回车。如图 5 – 110 所示。

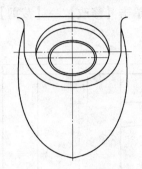

图 5 – 109　编辑后的油标凸台

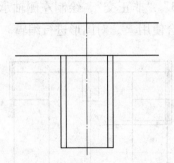

图 5 – 110　编辑吊耳（1）

（9）按高平齐原则，确定吊耳在主视图的位置。单击【修改】→【过渡】或图标 ，立即菜单选"1""圆角"、"2""裁剪始边"、"3：半径＝""2"，编辑吊耳。如图 5 – 111 所示。

（10）单击【绘图】→【库操作】→【提取图符】或图标 ，在"提取图符"对话框，选"图符大类"为【常用图形】，"图符小类"为【孔】，"图符列表"为"粗牙内螺纹"，点击 下一步 ，拖动滚动条，选 M16 的螺纹，插入俯视图。单击【绘图】→【圆】或图标 ，立即菜单"1"选"圆心 – 半径"、"2"选"半径"，在命令行输入半径 15 回车。如图 5 – 112 所示。

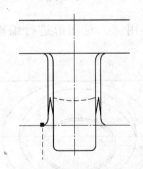

图 5 – 111　编辑吊耳（2）

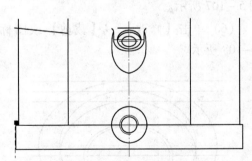

图 5 – 112　插入螺纹孔

（11）单击【修改】→【镜像】或图标 ，点取轴承孔外部下侧边线，选垂直中心线为轴线，作镜像。单击【绘图】→【平行线】或图标 ，立即菜单选"1""偏移方式"、"2""单向"，以加筋边线为对象，在命令行输入 8 回车。重复画平行线命令，以底线为对象，在命令行输入 5 回车、13 回车。单击【修改】→【裁剪】或图标 ，配合使用 ，对图形进行修改。单击【修改】→【过渡】或图标 ，立即菜单选"1""圆角"、"2""裁剪"、"3：半径＝""6"和"14"，编辑箱座的箱体。单击【绘图】→【剖面线】或图标 ，绘制剖面线。如图 5 – 113 所示。

（12）单击【绘图】→【平行线】或图标 ，立即菜单选"1""偏移方式"、"2"

"单向"，分别点取底座两侧垂直边线，在命令行输入 60 回车。单击【修改】→【裁剪】
或图标，配合使用，对底座图形进行修改。单击【修改】→【过渡】或图标，立
即菜单选"1""内倒角"、"2：长度＝""2"、"3：倒角＝""45"，对轴承孔进行倒角。
单击【修改】→【过渡】或图标，立即菜单选"1""圆角"、"2""裁剪"、"3：半径
＝""5"，画底板圆角。如图 5 - 114 所示。

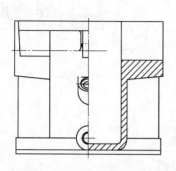

图 5 - 113　绘制箱座半剖面

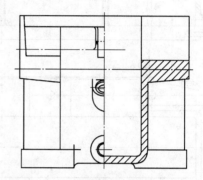

图 5 - 114　绘制底板及给轴承孔倒角

（13）单击【绘图】→【库操作】→【提取图符】或图标，选"图符大类"为
【常用图形】、"图符小类"为【孔】、"图符列表"为"螺纹盲孔"，点击 下一步 按钮，
在"图符预处理"对话框，拖动滚动条，选直径为 M8，改长度为 20，螺纹深度为 15。
插入相应的点。单击【修改】→【过渡】或图标，立即菜单选"1""圆角"、"2"
"裁剪始边"、"3：半径＝""3"，对相应的点进行修剪。

（14）把当前层改为"中心线层"，单击【绘图】→【平行线】或图标，立即菜单
选"1""偏移方式"、"2""单向"。选取图形的垂直中心线，在命令行输入 75 回车。这
就确定了地脚螺栓在左视图中的位置。把当前层改回"0 层"，重复画平行线的命令，以
地脚螺栓中心线为对象，立即菜单选"1""平行线"、"2""偏移方式"、"3""双向"，
在命令行分别输入 8.5 回车、15 回车。重复画平行线的命令，立即菜单选"1""偏移方
式"、"2""单向"，以底板上边线为对象，在命令行分别
输入 2 回车，单击【绘图】→【样条】或图标，绘制局
部剖的样条线。单击【绘图】→【剖面线】或图标，绘
制地脚螺栓孔局部剖面线。单击【修改】→【裁剪】或图
标，配合使用，对左视图进行修改。如图 5 - 115 所
示。

（15）单击【修改】→【裁剪】或图标，配合使用
，对三视图进行修改，如图 5 - 116 所示。把当前层改为
"中心线层"，单击【绘图】→【平行线】或图标，立即

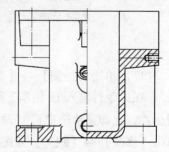

图 5 - 115　箱座左视图

菜单选"1""偏移方式"、"2""单向"。以左轴承孔下的加筋中心线为对象，在命令行
输入 105 回车。重复平行线命令，以新画的直线为对象，在命令行输入 150 回车、300 回
车。确定地脚螺栓在主视图中的位置。

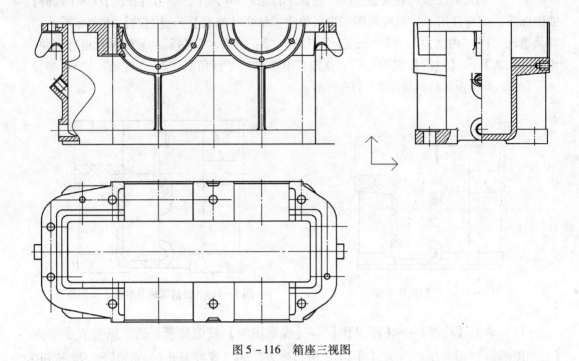

图 5 – 116　箱座三视图

（16）把当前层改为"中心线层"，单击【绘图】→【直线】或图标／，立即菜单选"1""角度线"。如图 5 – 117 所示。在图中选择合适的位置画线。立即菜单改为"4：度=""135"。把当前层改为"0 层"，单击【绘图】→【圆】或图标⊙，立即菜单"1"选"圆心 – 半径"、"2"选"半径"，在命令行输入 13 回车、6 回车、10 回车。单击【绘图】→【直线】或图标／，立即菜单选"1""两点线"、"2""连续"、"3""非正交"，补全该画的直线。单击【修改】→【裁剪】或图标𝕩，配合使用✐，编辑 D 向视图。如图 5 – 118 所示。

图 5 – 117　画角度线立即菜单

（17）单击【绘图】→【圆】或图标⊙，立即菜单选"1""圆心 – 半径"、"2""半径"，在命令行输入 18 回车、8.5 回车、15 回车、20 回车。单击【绘图】→【直线】或图标／，立即菜单选"1""两点线"、"2""连续"、"3""非正交"，补全该画的直线。单击【修改】→【裁剪】或图标𝕩，配合使用✐，编辑 E 向视图。如图 5 – 119 所示。

（18）单击【绘图】→【直线】或图标／，立即菜单选"1""两点线"、"2""单向"、"3""非正交"，画得∠20 的直线和吊耳宽度。在垂直中心点画直线，单击【修改】→【镜像】或图标⚖，选∠20 的直线为对象，垂直中心线为轴线，作镜像。单击【修改】→【过渡】或图标厂，立即菜单选"1""圆角"、"2""裁剪始边"、"3：半径 ="" 3"，修剪吊耳。

图 5 - 118　D 向视图

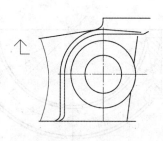

图 5 - 119　E 向视图

单击【绘图】→【样条】或图标～，绘制样条线。单击【绘图】→【剖面线】或图标，绘制剖面线。如图 5 - 120 所示。同样方法可绘得筋板剖面，如图 5 - 121 所示。

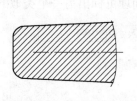

图 5 - 120　吊耳剖面线

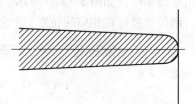

图 5 - 121　筋板剖面

任务六　减速机箱座尺寸的标注

一、箱座主视图尺寸标注

（1）单击【标注】→【尺寸标注】或图标，立即菜单选择"半标注"，系统弹出立即菜单，如图 5 - 122 所示，改尺寸值为"%c120"，如图 5 - 123 所示，选择合适的标注位置，即可标出相应的尺寸。如图 5 - 124 所示。同样方法可以标注其他几个射线尺寸。

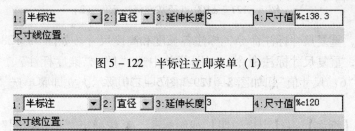

图 5 - 122　半标注立即菜单（1）

图 5 - 123　半标注立即菜单（2）

（2）右击，重复尺寸标注命令，选 30°角的两边，即可标得角度值。同理可标得其他角度尺寸。如图 5 - 125 所示。

注意：角度标注时常因为绘图误差出现小数，可运用标注编辑功能，立即菜单选"指定尺寸值"，修改尺寸为要求值即可。

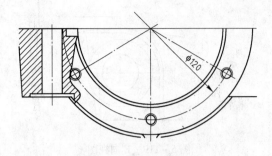
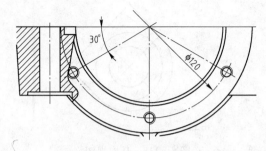

图 5 – 124　ϕ120 半标注　　　　　　　　图 5 – 125　角度标注

（3）右击，重复尺寸标注命令，立即菜单选"1""基准标注"，拾取两基准点，系统弹出立即菜单，如图 5 – 126 所示。在"4：尺寸值"中输入"%c100% + 0.035"单击确认。则尺寸被标在相应的位置。如图 5 – 127 所示。同理可标出另一个类似的尺寸。

1:	基准标注	▼	2:	文字平行	▼	3:	正交	▼	4:	尺寸值	%c100%+0.035

图 5 – 126　ϕ100 直径基准标注示例（1）

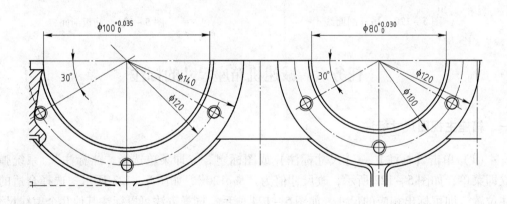

图 5 – 127　ϕ100 直径基准标注示例（2）

（4）右击，重复尺寸标注命令，标注各长度和高度尺寸。如图 5 – 128 所示。

（5）右击，重复尺寸标注命令，立即菜单中选"1""锥度标注"、"2""斜度"、"3""正向"、"6：尺寸值"，如图 5 – 129、图 5 – 130 所示。立即菜单选"锥度"则可标注锥度。

（6）单击【标注】→【引出说明】或图标 $\stackrel{\text{★}}{\text{A}}$，系统弹出"引出说明"对话框，如图 5 – 131 所示输入"M16 × 1.5 – 6H"，单击 确定 则标出"M16 × 1.5 – 6H"引出说明。如图 5 – 132 所示。

（7）右击，重复引出说明命令，输入上说明"6 – ϕ13"下说明"锪平 ϕ30"，单击 确定 则标出螺栓凸台上说明"6 – ϕ13"下说明"锪平 ϕ30"引出说明。如图 5 – 133、图 5 – 134 所示。同理可标得螺纹孔引出说明，如图 5 – 135 所示。

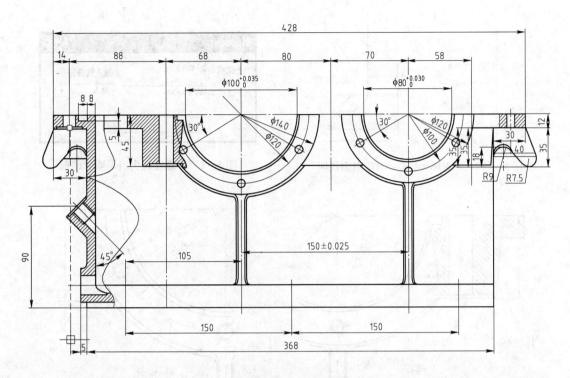

图 5-128 箱座主视图基本尺寸标注

图 5-129 斜度标注立即菜单

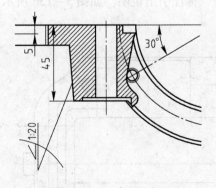

图 5-130 凸台斜度标注

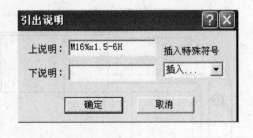

图 5-131 "引出说明"对话框

二、箱座俯视图尺寸标注

（1）单击【标注】→【尺寸标注】或图标，立即菜单中选"基本标注"，标注各长度尺寸及高度尺寸。

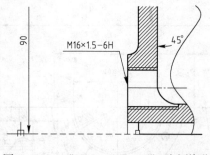

图 5-132　"M16×1.5-6H" 引出说明

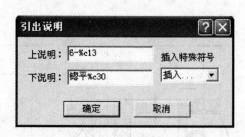

图 5-133　螺栓孔引出说明对话框

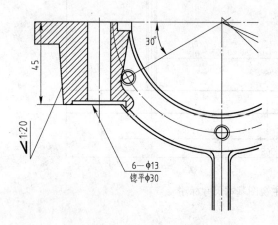

图 5-134　螺栓孔引出说明

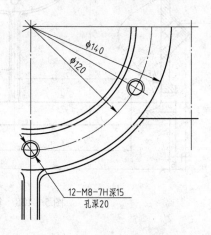

图 5-135　螺纹孔引出说明

（2）单击【标注】→【尺寸标注】或图标，立即菜单中选"基本标注"，标注圆弧半径。

（3）单击【标注】→【引出说明】或图标，标注引出说明。如图 5-136 所示。

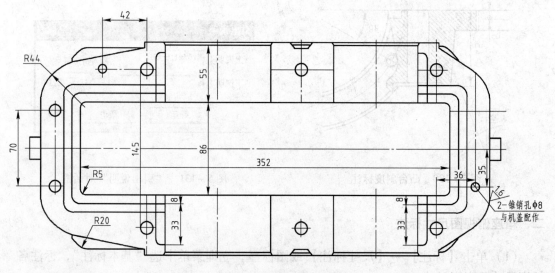

图 5-136　俯视图尺寸标注

三、箱座左视图尺寸标注

（1）单击【标注】→【尺寸标注】或图标 ⊢⊣，立即菜单中选"基本标注"，标注各长度尺寸及高度尺寸。

（2）单击【标注】→【尺寸标注】或图标 ⊢⊣，立即菜单中选"基本标注"，标注圆弧半径。

（3）单击【标注】→【引出说明】或图标 ⌖，标注引出说明。如图 5 – 137 所示。

（4）立即菜单中选"1""锥度标注"、"2""斜度"、"3""正向"、"6：尺寸值"，则可标注斜度。立即菜单选"2""锥度"，则可标注锥度。

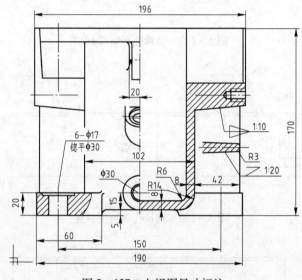

图 5 – 137　左视图尺寸标注

四、箱座形位公差、粗糙度、文字标注

（1）单击【标注】→【基准代号】或图标 ⊴，立即菜单中分别输入 A、B。选大轴承孔中心、小轴承孔中心为基准，如图 5 – 138 所示。

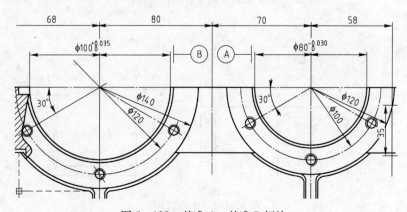

图 5 – 138　基准 A、基准 B 标注

（2）单击【标注】→【形位公差】或图标 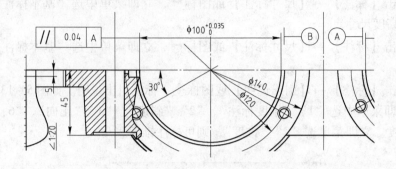，标注平行度、垂直度、圆柱度、平面度等形位公差。如图 5-139 ~ 图 5-142 所示。

图 5-139　轴承孔平行度标注

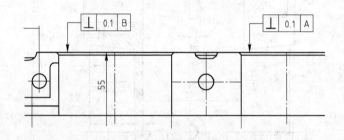

图 5-140　轴承孔垂直度标注

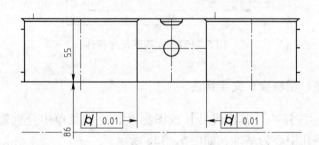

图 5-141　轴承孔圆柱度标注

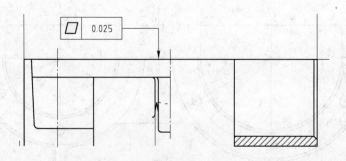

图 5-142　平面度标注

（3）单击【标注】→【粗糙度】或图标∀，根据相应表面的情况，标注合适的表面粗糙度。如图 5 - 143、图 5 - 144 所示。

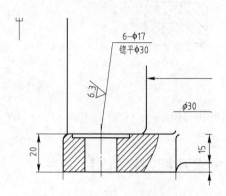

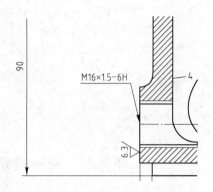

图 5 - 143　地脚螺栓孔粗糙度标注　　　　　图 5 - 144　放油螺栓孔表面粗糙度标注

（4）单击【绘图】→【文字】或图标 **A**，选定合适的区域后，在弹出的"文字和标注编辑"对话框中输入相应文字，单击 确定 按钮。文字被输入图中。如图 5 - 145、图 5 -146所示。单击【标注】→【剖切符号】或图标 ↶↶，按提示标出剖面标注。如图 5 -147所示。

图 5 - 145　E 向视图标注

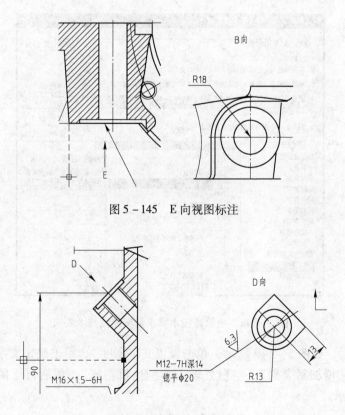

图 5 - 146　D 向视图标注

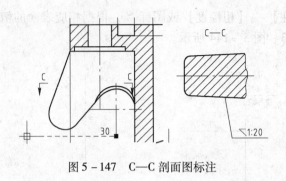

图 5 – 147　C—C 剖面图标注

任务七　减速机箱座技术要求及标题栏填写

一、箱座技术要求填写

（1）单击【库操作】→【技术要求库】或图标🔠，系统弹出"技术要求生成及技术要求库管理"对话框。

（2）因为箱座的技术要求与箱盖相似，所以单击减速机箱盖，系统中出现箱盖技术要求。逐条复制粘贴在编辑处修改，如图 5 – 148 所示。

图 5 – 148　由箱盖技术要求编辑箱座技术要求

（3）编辑后，如图 5 – 149 所示，单击设置文字高度 7，单击确定文字型号变大。

（4）单击"增加新类别"，空白处输入"减速机箱座"，然后再逐条粘贴在图库中，如图 5 – 150 所示。

（5）单击 生成 按钮，技术要求被存入图库。

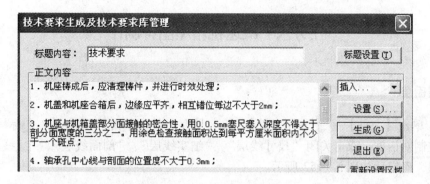

图 5 – 149　箱座技术要求

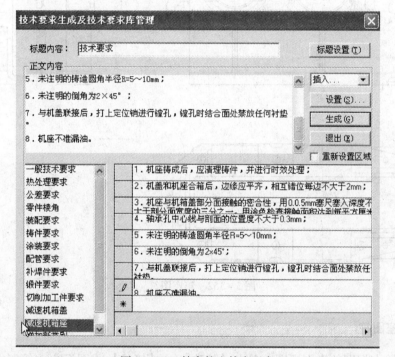

图 5 – 150　储存箱座技术要求

二、箱座标题栏填写

单击【幅面】→【填写标题栏】或图标，系统弹出"填写标题栏"对话框，同任务二，按要求填写后确认即可。如图 5 – 151 所示。

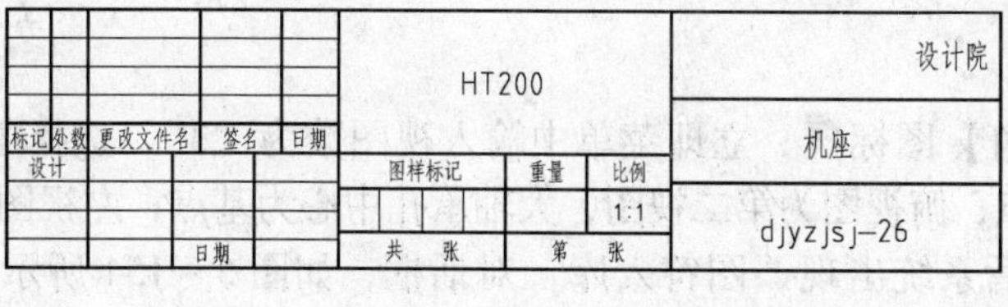

图 5 – 151　箱座标题栏

任务八　减速机箱座图符制作

一、关闭图层

（1）单击【文件】→【另存文件】，改名另存文件。单击"层控制"图标，系统弹出层控制对话框，双击关闭"尺寸线层"、"细实线层"、"剖面线层"、"虚线层"，删除向视图，确定后如图 5 – 152 所示。

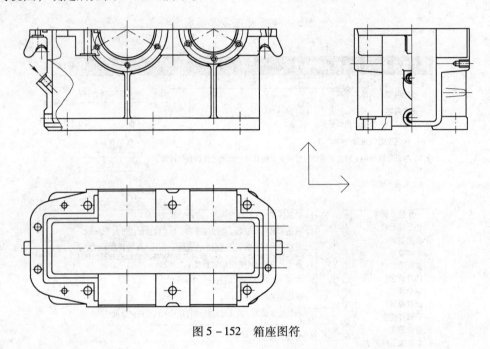

图 5 – 152　箱座图符

二、绘制箱座图符

（1）删除左视图的半剖视图。单击【修改】→【镜像】或图标，绘制左视图。删除主视图剖面线的轮廓线，补全主视图图线。

（2）单击【文件】→【另存文件】系统弹出另存文件对话框。输入 xztf1 点击保存，关闭"0 层"，打开"中心线层"、"尺寸线层"、"细实线层"、"剖面线层"、"虚线层"，删除所有图形，如图 5 – 152 所示，打开"0 层"填补缺损的线条，画上必要的中心线。箱盖图符图形就作好了。如图 5 – 153 所示。

三、定义箱座图符

单击【定义图符】图标，立即菜单中输入视图数为"3"，选择主视图为第一视图，大轴承孔中心为基点；俯视图为第二视图，大轴承孔中心为基点；左视图为第三视图，底面中心为基点；确定后系统出现"图符入库"对话框，如图 5 – 154 所示。选择图符大类为"一级圆柱齿轮减速机 1"，图符小类为"箱体"，图符名为"机座"，单击确定后图符入库。

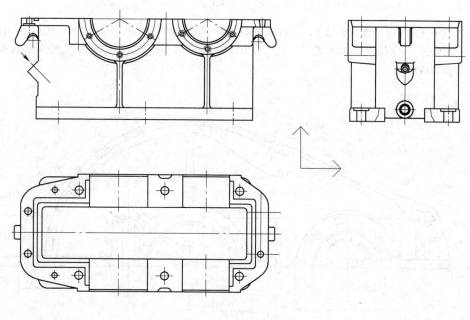

图 5 - 153　箱座图符

　　如果需要提取图符可单击【提取图符】或图标🔲，选择图符大类为"一级圆柱齿轮减速机1"，图符小类为"箱体"，图符列表为"机座"，则可提取图符。如图5 - 155所示。

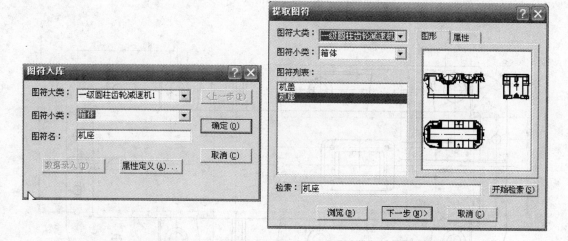

图 5 - 154　机座图符入库　　　　　　　图 5 - 155　提取箱盖图符

　　注意：复杂图形图符绘制过程中，往往不能拾取全部图形，所以，一般可以把不能拾取的局部图形制成块，然后再制成图符。在机座图符制作过程中，我们就把油标凸台制造成块，读者可以看到，这里的机座图符图形就不包括凸台。

习　题

1. 按图 5-156 ～图 5-158 给定的尺寸，绘制减速机箱盖，并参考图 5-55 ～图 5-57 及相关内容标注尺寸公差和形位公差，然后按图形大类"一级圆柱齿轮减速机 2"、图形小类"箱体"、图形列表按"箱盖"存盘制成图符。

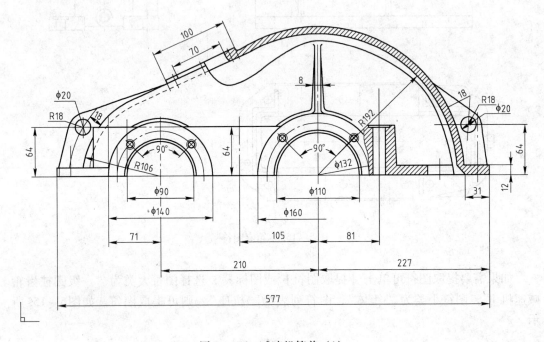

图 5-156　减速机箱盖（1）

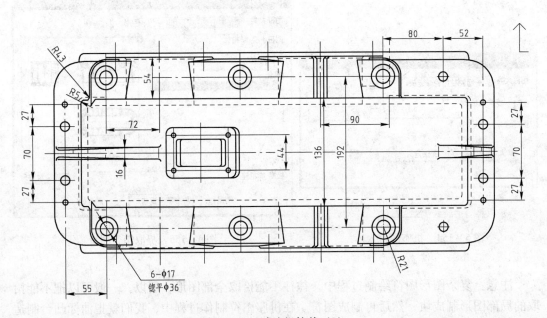

图 5-157　减速机箱盖（2）

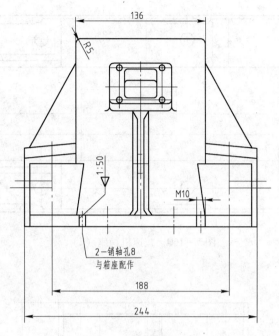

图 5 – 158 减速机箱盖（3）

2. 按图 5 – 159 ~ 图 5 – 161 给定的尺寸绘制减速机箱座并参考图 5 – 128、图 5 – 136 和图 5 – 137 及相关
   内容标注尺寸公差和形位公差，然后按图形大类"一级圆柱齿轮减速机 2"、图形小类"箱体"、图形
   列表按"箱座"存盘制成图符。

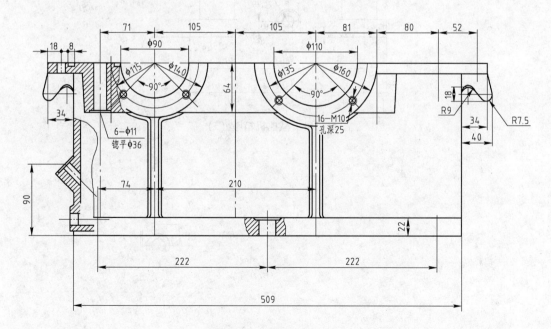

图 5 – 159 减速机箱座（1）

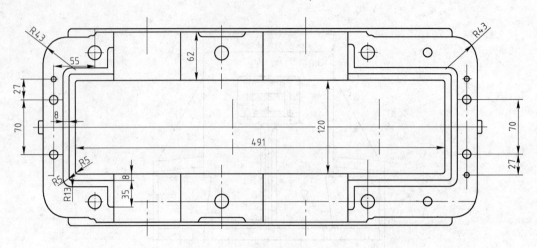

图 5 – 160　减速机箱座（2）

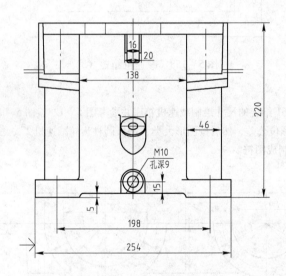

图 5 – 161　减速机箱座（3）

课题六 由零件图绘制减速机装配图

学习目标：

1. 熟悉圆柱齿轮减速机装配图的组装过程。
2. 掌握圆柱齿轮减速机装配图尺寸标注方法。
3. 掌握圆柱齿轮减速机各零件序号明细表编制要点。
4. 掌握圆柱齿轮减速机技术性能及技术要求的填写要点。

任务一 圆柱齿轮减速机装配图的组装

一、设置图幅

单击新文件图标⬜，系统弹出"新建"对话框，选其中 GBA0。单击 确定 按钮，则图框被调入。如图 6-1 所示。

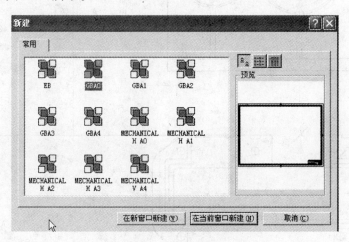

图 6-1 调入图框

二、调入减速机箱座

（1）把当前层改为"中心线层"，单击【绘制】→【直线】或图标✎，立即菜单选"1""两点线"、"2""单个"、"3""正交"、"4""点方式"。画几个视图的插入交点。如图 6-2 所示。

（2）单击【绘图】→【库操作】→【提取图符】或图标⬚，系统弹出"提取图符"

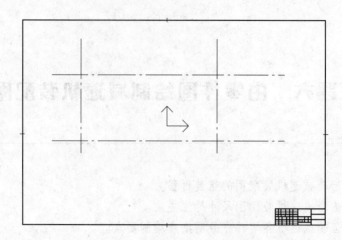

图 6-2　确定图纸大小及装配位置

对话框，选择【一级圆柱齿轮减速机1】中的【箱体】"机座"，箱座图符被调入。插入箱座三视图。如图 6-3 所示。

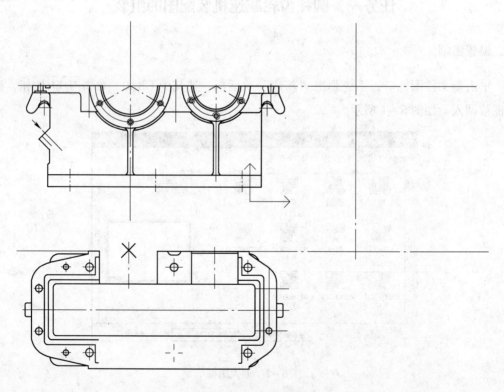

图 6-3　调入减速机箱座

三、调入减速机箱盖

（1）单击【绘图】→【库操作】→【提取图符】或图标圖，系统弹出"提取图符"对话框，选择【一级圆柱齿轮减速机1】中的【箱体】"机盖"，箱盖图符被调入。插入箱盖三视图。删除俯视图，如图 6-4 所示。

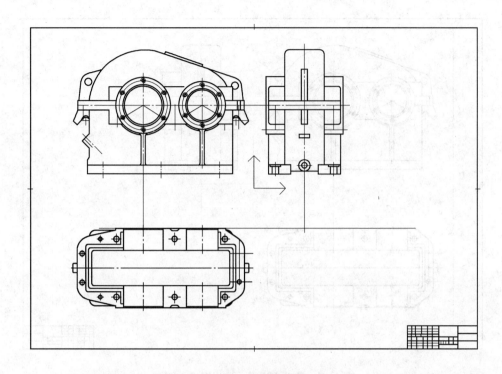

图6-4　调入箱盖后的图形

（2）沿三视图左侧划一铅垂线，单击【修改】→【镜像】或图标 ⚐，以铅垂线为轴线，主视图、俯视图为对象，作镜像如图6-5所示。

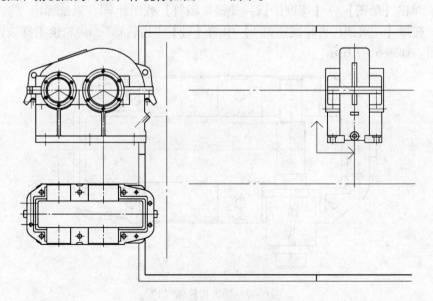

图6-5　镜像主视图、俯视图

（3）选主视图、俯视图为对象，右击，系统出现快捷菜单，选其中的"平移"，立即菜单选"1""给定偏移"、"2""保持原态"、"3""正交"。把主视图、俯视图移入图框内。如图6-6所示。

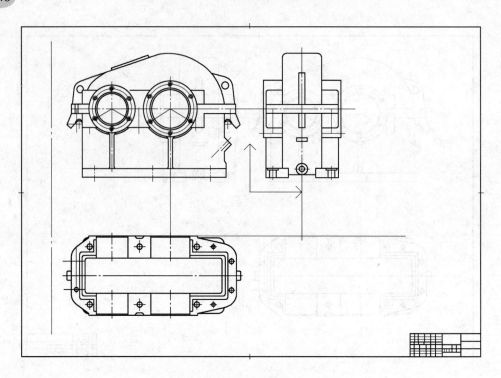

图 6-6 移动主视图、俯视图进入图框

四、调入齿轮轴

（1）单击【绘图】→【库操作】→【提取图符】或图标，系统弹出"提取图符"对话框，选择【一级圆柱齿轮减速机 1】中的【轴】"齿轮轴"，齿轮轴图符被调入。插入主视图。如图 6-7 所示。

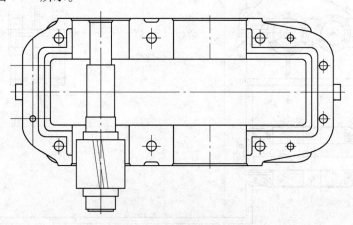

图 6-7 插入齿轮轴（1）

（2）单击【标注】→【尺寸标注】或图标，量取"齿轮轴"轴肩到轴承孔下部内侧的尺寸，然后点取"齿轮轴"图块，右击，系统弹出快捷菜单，选其中的"平移"，立即菜单选"1""给定偏移"、"2""保持原态"、"3""正交"。在命令行输入量出的尺寸。这样"齿轮轴"就被插入到合适的位置。如图 6-8 所示。

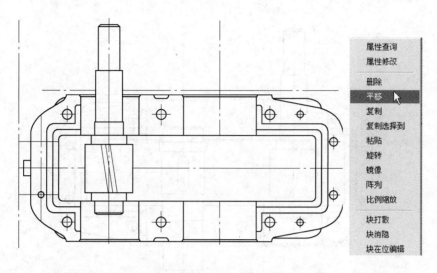

图 6 - 8　插入齿轮轴（2）

五、调入低速轴

（1）单击【绘图】→【库操作】→【提取图符】或图标，系统弹出"提取图符"对话框，选择【一级圆柱齿轮减速机 1】中的【轴】"低速轴"，低速轴图符被调入。插入主视图。如图 6 - 9 所示。

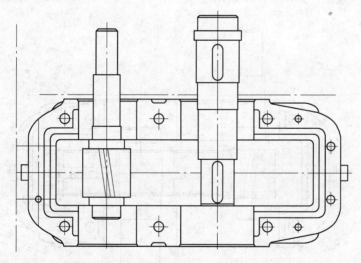

图 6 - 9　插入低速轴（1）

（2）单击【标注】→【尺寸标注】或图标，量取"低速轴"轴肩到轴承孔上部内侧的尺寸，然后点取"低速轴"图块，右击，系统弹出快捷菜单，选其中的"平移"，立即菜单选"1""给定偏移"、"2""保持原态"、"3""正交"。在命令行输入量出的尺寸。这样"低速轴"就被插入到合适的位置。如图 6 - 10 所示。

六、调入齿轮

（1）单击【绘图】→【库操作】→【提取图符】或图标，系统弹出"提取图符"

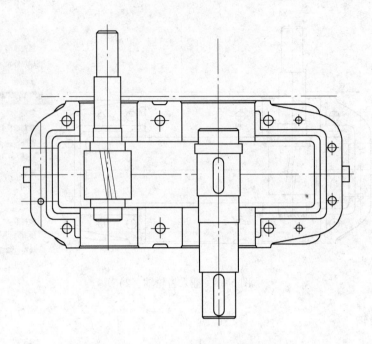

图 6 – 10　插入低速轴（2）

对话框，选择【一级圆柱齿轮减速机 1】中的【齿轮】"低速大齿轮"，低速大齿轮图符被调入。插入主视图。如图 6 – 11 所示。

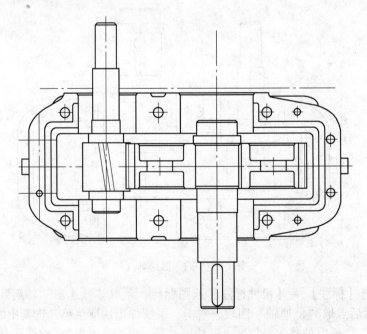

图 6 – 11　插入低速大齿轮（1）

（2）单击【标注】→【尺寸标注】或图标┡┩，运用鼠标滚轮功能或动态显示放大功能 放大要量取的尺寸，量取"低速大齿轮"上边缘到上部轴肩内侧的尺寸，然后点取"低速大齿轮"图块，右击，系统弹出快捷菜单，选其中的"平移"，立即菜单选"1"

"给定偏移"、"2""保持原态"、"3""正交"。在命令行输入量出的尺寸。这样"低速大齿轮"就被插入到合适的位置。如图6－12、图6－13所示。

七、调入轴承

单击【绘图】→【库操作】→【提取图符】图标 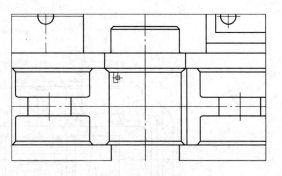，系统弹出"提取图符"对话框，选择【轴承】中的【圆锥滚子轴承】，单击 下一步 按钮，拖动滚

图6－12 量取齿轮与轴肩的微小距离

动条选30208、30211两轴承。两轴承分别被插入主视图。如图6－14所示。

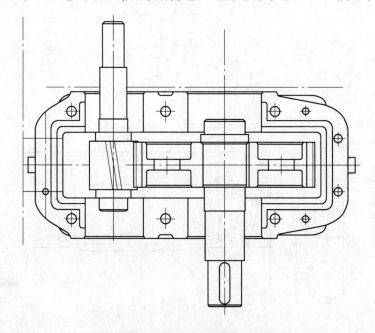

图6－13 插入低速大齿轮（2）

注意：由于插入点不一定很准，因此常需要对图形进行微小移动，在把图形局部放大后，也可采用画平行线的方法，准确地确定图块的位移。如图6－15所示，点击基本曲线中的【直线】图标，立即菜单中选"平行线"则可求得轴承准确位移。如图6－16所示。

八、调入轴承盖

（1）单击【绘图】→【库操作】→【提取图符】或图标 ，系统弹出"提取图符"对话框，分别选择【一级圆柱齿轮减速机1】中的【端盖】"透盖1－1"、"透盖2－1"、"端盖1"、"端盖2"、"透盖1－1"、"透盖2－1"、"端盖1"、"端盖2"四个图符被调入主视图。如图6－17所示。

（2）运用鼠标滚轮功能或动态显示放大功能 放大轴承盖与轴承之间的接触尺寸，量取微小位移后，对各个轴承盖进行平移，使它移到准确的位置上。

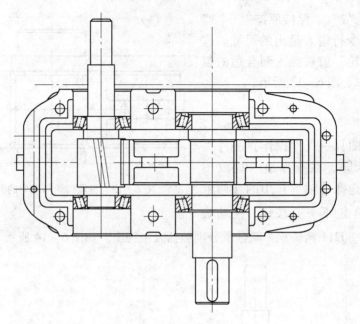

图 6 – 14   插入四个轴承

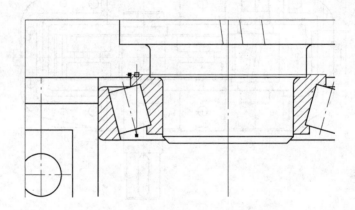

图 6 – 15   运用画平行线方法在命令行确定微小位移

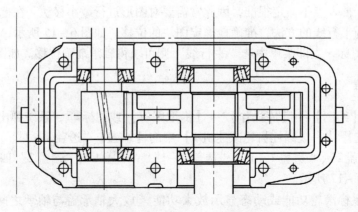

图 6 – 16   调整后的四个轴承位置

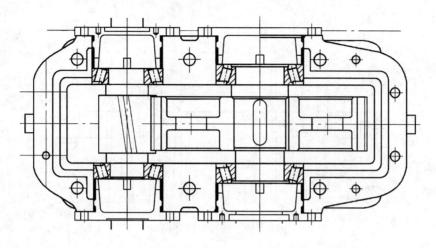

图 6 - 17　插入四个轴承盖

（3）单击【绘图】→【库操作】→【提取图符】或图标，系统弹出"提取图符"
对话框，分别选择【一级圆柱齿轮减速机 1】中的【附件】"密封盖 1"、"密封盖 2"、
"密封盖 1"、"密封盖 2"两个图符被调入主视图。如图 6 - 18 所示。

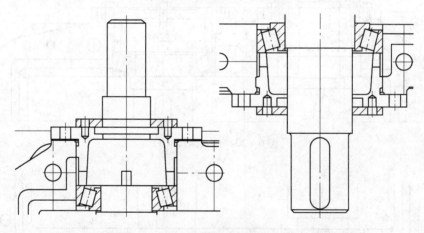

图 6 - 18　插入两个密封盖

九、把轴承盖螺钉调入俯视图、联接螺栓调入主视图

（1）单击【绘图】→【库操作】→【提取图符】图标，系统弹出"提取图符"
对话框，选择【螺栓与螺柱】中的【六角头螺栓】"GB 5783—2000 六角头螺栓－全螺
纹"单击 下一步 选"直径 6，长 12"的螺钉。插入在相应位置。如图 6 - 19 所示。

（2）右击，重复提取图符命令，选择【螺栓与螺柱】中的【六角头螺栓】"GB 5783—
2000 六角头螺栓－全螺纹"，单击 下一步 选"直径 8，长 25"的螺钉。插入在相应位置。
如图 6 - 20、图 6 - 21 所示。

（3）右击，重复提取图符命令，选择【螺栓与螺柱】中的【六角头螺栓】"GB 5782—
2000 六角头螺栓"单击 下一步 选"直径 12，长 100"的螺栓。插入在相应位置。

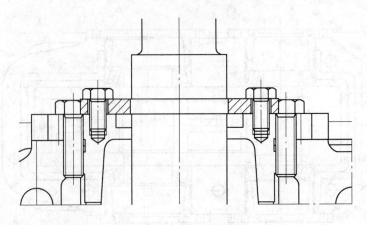

图 6-19　插入螺钉（1）

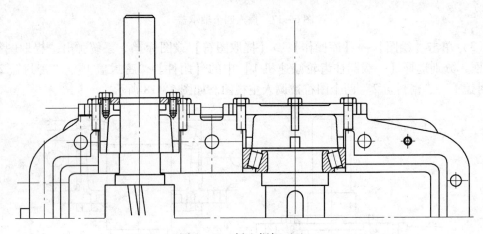

图 6-20　插入螺钉（2）

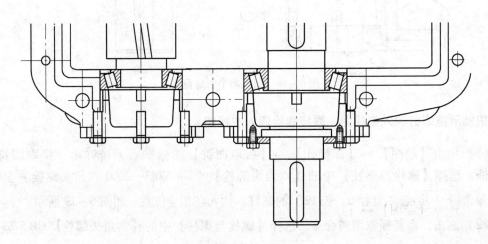

图 6-21　插入螺钉（3）

（4）右击，重复提取图符命令，选择【垫圈和挡圈】中的【弹簧垫圈】"GB 859—1987"单击 下一步 ，选"直径为12"的弹簧垫圈。插入在相应位置。

（5）右击，重复提取图符命令，选择【螺母】中的【六角螺母】"GB 6172.1—2000

"六角薄螺母"单击 下一步 ，选"直径12"的螺母。插入在相应位置。如图6－22所示。

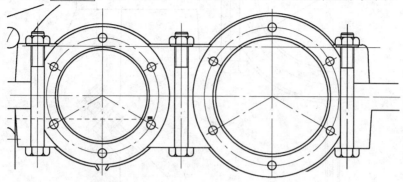

图6－22　直径12，长100的螺栓及组件的插入

十、调入视孔盖

单击【绘图】→【库操作】→【提取图符】或图标，系统弹出"提取图符"对话框，选择【一级圆柱齿轮减速机1】中的【附件】"视孔盖"，盖板图标被调出。右击，重复提取图符命令，选择【一级圆柱齿轮减速机1】中的【附件】"通气器"，通气器图符被插入。右击，重复提取图符命令，选择【螺栓与螺柱】中的【六角头螺栓】"GB 5783—2000 六角头螺栓－全螺纹"单击 下一步 按钮，拖动滚动条，选"直径6，长16"的螺钉。插入在相应位置。如图6－23所示。

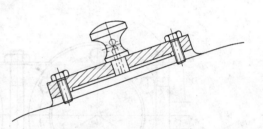

图6－23　调入透气盖

十一、调入油标和放油螺塞

（1）单击【绘图】→【库操作】→【提取图符】或图标，系统弹出"提取图符"对话框，选择【一级圆柱齿轮减速机1】中的【附件】"油标"，油标图符被调出。

（2）右击，重复提取图符命令，选择【一级圆柱齿轮减速机1】中的【附件】"垫圈"，垫圈图符被调出。右击，重复提取图符命令，选择【一级圆柱齿轮减速机1】中的【附件】"放油螺塞"，放油螺塞图符被调出。如图6－24所示。

十二、把轴承盖螺钉调入主视图

（1）单击【绘图】→【库操作】→【提取图符】或图标，系统弹出"提取图符"对话框，选择【螺栓与螺柱】中的【六角头螺栓】"GB 5783—2000 六角头螺栓－全螺纹"单击 下一步 按钮，拖动滚动条，选"直径8，长25"的螺钉，插入在相应位置。

（2）右击，重复提取图符命令，选择【螺栓与螺柱】中的【六角头螺栓】"GB 5783—2000 六角头螺栓－全螺纹"，单击 下一步 按钮，拖动滚动条，选"直径6，长12"的螺钉，插入在相应位置。如图6－25所示。

156

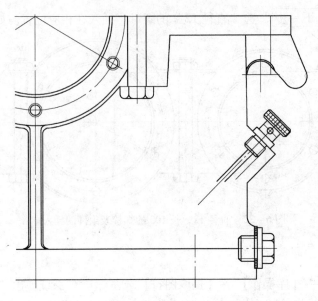

图 6-24　调入油标和放油螺塞

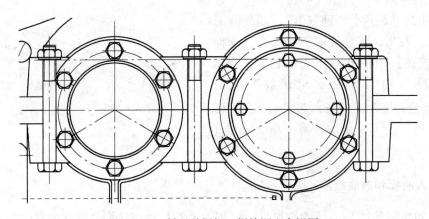

图 6-25　轴承盖螺钉、螺栓调入主视图

十三、把联接螺栓、起盖螺钉调入主视图

（1）单击【绘图】→【库操作】→【提取图符】或图标🔳，系统弹出"提取图符"对话框，选择【螺栓与螺柱】中的【六角头螺栓】"GB 5782—2000 六角头螺栓"单击 下一步 按钮，拖动滚动条，选"直径10，长度35"的螺栓，插入在相应位置。

（2）右击，重复提取图符命令，选择【垫圈和挡圈】中的【弹簧垫圈】"GB 859—1987"单击 下一步 ，拖动滚动条，选"直径为10"的弹簧垫圈。插入在相应位置。

（3）右击，重复提取图符命令，选择【螺母】中的【六角螺母】"GB 6172.1—2000 六角薄螺母"单击 下一步 ，拖动滚动条，选"直径10"的螺母。插入在相应位置。

（4）右击，重复提取图符命令，选择【螺栓与螺柱】中的【六角头螺栓】"GB 5783—2000 型六角头螺栓-全螺纹"，单击 下一步 按钮，拖动滚动条，选"直径

10，长20”的螺钉，插入在相应位置。如图6－26所示。

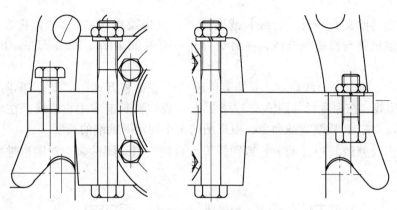

图6－26　联接螺栓、起盖螺钉调入主视图

十四、把轴承盖螺钉调入左视图

（1）单击【绘图】→【平行线】或图标 ✏，立即菜单选"1""偏移方式"、"2""单向"，分别点取轴承孔两边线，在命令行输入10回车、16回车。按高平齐原则，确定轴承盖的大小。

（2）单击【绘图】→【库操作】→【提取图符】或图标 ▦，系统弹出"提取图符"对话框，选择【螺栓与螺柱】中的【六角头螺栓】"GB 5782—2000 六角头螺栓"单击 下一步 按钮，拖动滚动条，选"直径8，长度25"的螺栓，插入在相应位置。右击，重复提取图符命令，选择【螺栓与螺柱】中的【六角头螺栓】"GB 5782—2000 六角头螺栓"，单击 下一步 按钮，拖动滚动条，选"直径6，长度20"的螺栓，插入在相应位置。如图6－27所示。

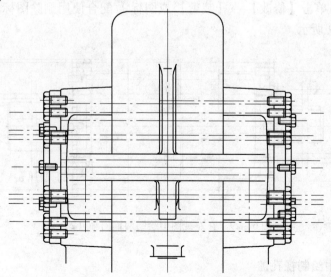

图6－27　轴承盖螺钉调入左视图

十五、在左视图中绘制两输出轴

（1）单击【绘图】→【平行线】或图标 ✐，立即菜单选"1""偏移方式"、"2""双向"，点取机盖与机座结合线，在命令行分别输入 26 回车、22.5 回车、19 回车、15 回车。

（2）右击，重复平行线命令。立即菜单选"1""偏移方式"、"2""单向"，点取密封盖左垂直边线。在命令行分别输入 17.6 回车，点取密封盖右垂直边线，在命令行分别输入 15 回车。右击，重复直线命令，根据图的大小确定两轴端的长度。

（3）单击【修改】→【裁剪】或图标 ✂ 配合使用删除图标 ✐，对图形进行修改，如图 6－28 所示。

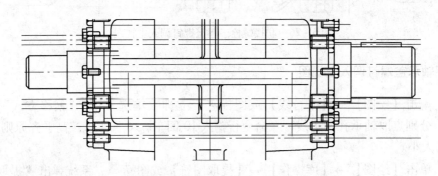

图 6－28 在左视图中绘制两输出轴（1）

（4）单击【绘图】→【平行线】或图标 ✐，立即菜单选"1""偏移方式"、"2""单向"。点取左轴小径处下面水平轮廓线，在命令行输入 33 回车。点取右轴小径处下面水平轮廓线，在命令行输入 48.5 回车。右击，重复直线命令，根据图的大小确定两键的长度。立即菜单选"1""两点线"、"2""单个"轴的割断线。然后将"线型属性"修改为"双点划线"。单击【修改】→【裁剪】或图标 ✂ 配合使用删除图标 ✐，对图形进行修改，如图 6－29 所示。

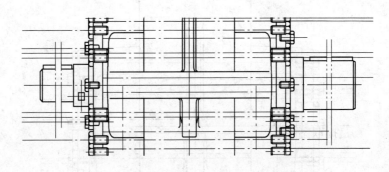

图 6－29 在左视图中绘制两输出轴（2）

十六、在左视图中绘制视孔盖

（1）按高平齐原则，确定视孔盖及其上的通气器与螺钉在左视图中的投影，按长对

正的原则确定各个图形在左视图中的位置。从而确定各椭圆的长轴或短轴。单击【绘图】
→【椭圆】或图标 ◯，绘制各椭圆，如图6-30、图6-31所示。

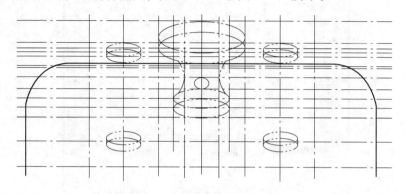

图6-30 在左视图中绘制视孔盖（1）

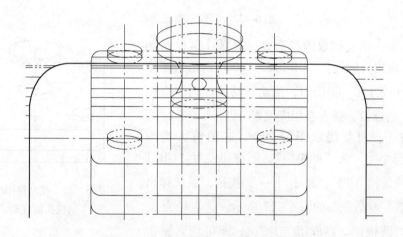

图6-31 在左视图中绘制视孔盖（2）

（2）单击【修改】→【裁剪】或图标 ✂ 配合使用删除图标 ✐，对图形进行修改。

（3）运用第五章所述方法把线型属性改为实线。单击【格式】→【剖面图案】或图
标 ✗，选择其中的"NET"，修改旋转角为45，如图6-32所示。单击 确定 按钮。单击
【绘图】→【剖面线】或图标 ▦，绘制通气器处剖面线。如图6-33所示。

十七、把联接螺栓、起盖螺钉、定位销调入左视图

（1）单击【绘图】→【库操作】→【提取图符】或图标 ▦，系统弹出"提取图符"
对话框，右击，重复提取图符命令，选择【螺栓与螺柱】中的【六角头螺栓】"GB 5782—
2000 六角头螺栓"单击 下一步 选"直径12，长100"的螺栓。插入在相应位置。

（2）右击，重复提取图符命令，选择【垫圈和挡圈】中的【弹簧垫圈】"GB 859—1987"
单击 下一步，选"直径为12"的弹簧垫圈。插入在相应位置。

（3）右击，重复提取图符命令，选【螺母】中的【六角螺母】"GB 6172.1—2000六
角薄螺母"单击 下一步，选"直径12"的螺母。插入在相应位置。

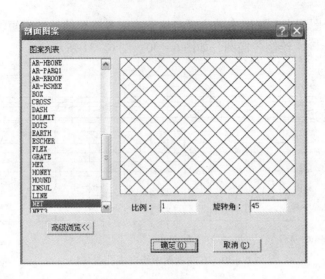

图6-32   网纹剖面线选择

（4）右击，重复提取图符命令，选择【螺栓与螺柱】中的【六角头螺栓】"GB 5783—2000 六角头螺栓–全螺纹"单击 下一步 按钮，拖动滚动条，选"直径10，长20"的螺钉，插入在相应位置。

（5）右击，重复提取图符命令，选图符大类为"销"，"图符小类"为"圆锥销"，图符列表为"GB/T 117—2000 圆锥销 A 型"，单击 下一步 按钮，系统弹出"图符预处理"对话框，如图5-17所示，选直径为8，长度为30的圆锥销。点取 确定 按钮，即可调入圆锥销。把圆锥销插入箱体合适位置。如图6-34所示。

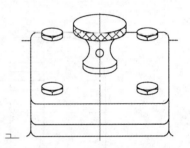

图6-33   在左视图中绘制视孔盖（3）

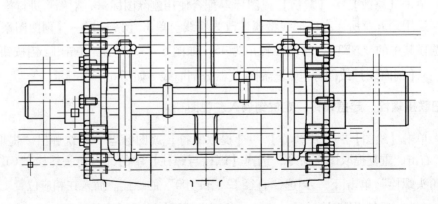

图6-34   联接螺栓、起盖螺钉、定位销调入左视图

十八、编辑图形

（1）点取主视图中箱体的图块，右击，系统弹出快捷菜单。选取"块打散"，打散箱

体图块。单击【绘图】→【直线】或图标／，立即菜单选"1""两点线"、"2""连续"、"3""正交"。补全主视图中的漏线。单击【绘图】→【圆】或图标⊙，绘制漏画的圆。

（2）点取主视图中各个螺栓、弹簧垫圈的图块，右击，系统弹出快捷菜单。选取"块打散"，打散螺栓图块。

（3）单击【绘图】→【剖面线】或剖面线图标▨，绘制各处局部剖面线。单击【修改】→【裁剪】或图标⊁配合使用删除图标✐，对图形进行修改。如图6-35所示。

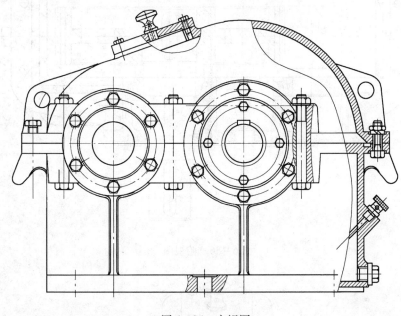

图6-35　主视图

（4）点取俯视图中箱体、端盖、螺栓的图块，右击，系统弹出快捷菜单。选取"块打散"，打散箱座、端盖、螺栓图块。单击【绘图】→【直线】或图标／，立即菜单选"1""两点线"、"2""连续"、"3""正交"。补全主视图中的漏线。单击【绘图】→【圆】或图标⊙，绘制漏画的圆。

（5）单击【绘图】→【剖面线】或剖面线图标▨，绘制俯视图各处局部剖面线。如图6-36所示。

（6）点取左视图中箱体、螺栓图块，右击，系统弹出快捷菜单。选取"块打散"，打散箱体、螺栓图块。单击【修改】→【裁剪】或图标⊁配合使用删除图标✐，对左视图进行修改。单击【绘图】→【样条】或图标∿，绘制各局部剖区域。单击【绘图】→【剖面线】或剖面线图标▨，绘制左视图各处局部剖面线。如图6-37所示。

注意：在编辑装配图时，应当注意多应用块操作的性质。有两种方法，一种是点击【绘图】→【块操作】，再点击相应的命令，实现绘制图形所要求功能。一种是点击块图形，右击，系统出现快捷菜单，在快捷菜单中选择相应的命令，实现绘制图形所要求的功能。从而完成复杂装配图的编辑。

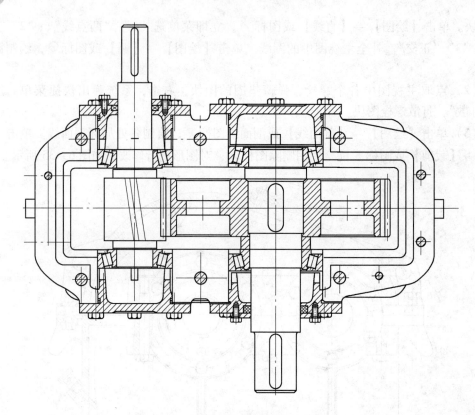

图 6 - 36　俯视图

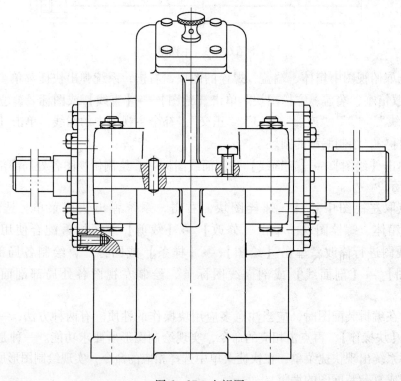

图 6 - 37　左视图

任务二 圆柱齿轮减速机装配图尺寸标注

机械装配图的尺寸，包括外形尺寸、特性尺寸、安装尺寸、配合尺寸和其他一些相关尺寸等，总之必须能反映这个机器的基本概况和装配要求。另外由于装配图通常较大，因此应注意首先设置较大的标注字型。

一、轴承与轴的配合尺寸

（1）单击【格式】→【标注风格】，系统弹出"标注风格"对话框，运用前面图2－38～图2－40的方法，将文字字型字高设置为9。

（2）单击【标注】→【尺寸标注】或图标 ↦，立即菜单中选择"基本标注"，选择要标注的边界，右击，出现"尺寸标注属性设置"对话框，选择"输入形式"为"代号"，"输出形式"为"代号"，如图6－38所示，单击 确定 。则标得公差代号和基本尺寸，如图6－39所示。

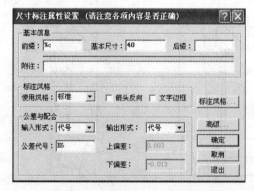

图6－38 轴与轴承内径的配合（1）

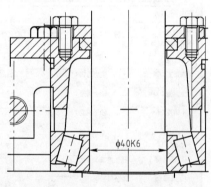

图6－39 轴与轴承内径的配合（2）

（3）选择另一个要标注的边界，右击，出现"尺寸标注属性设置"对话框，如图6－40所示，单击 高级 ，系统出现"公差与配合可视化查询"对话框，如图6－41所示，根据图中推荐的优先配合和本设计的具体情况，选择其中的"配合查询"中的H7/h6，单击 确定 ，系统返回"尺寸标注属性设置"对话框。单击 确定 按钮，配合符号和基本尺寸被标在图中。当然，用户也可以选取"尺寸标注属性设置"

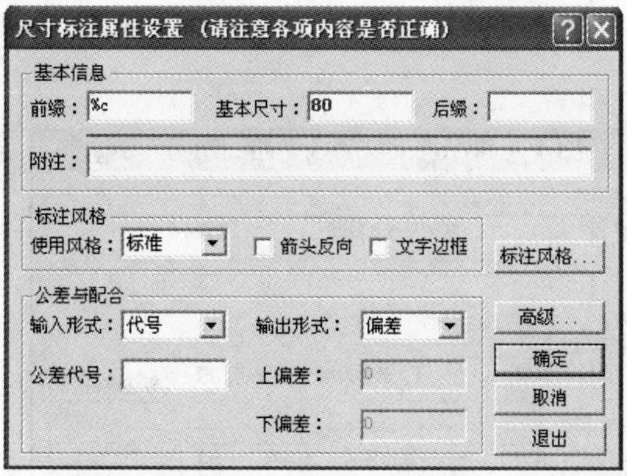

图6－40 端盖与轴承孔的配合（1）

对话框中，"公差与配合"栏目的输入形式"配合"，在"公差带"栏目填入相应公差带符号。单击 确定 。则可在图中标得配合代号和基本尺寸，如图6－41、图6－42所示。

同理可标得其他类似尺寸。

二、减速机装配图的特性尺寸、安装尺寸、外形尺寸

这几个尺寸类型在前面已标注过。

特性尺寸如图 6 – 43、图 6 – 44 所示。

安装尺寸如图 6 – 45、图 6 – 46 所示。

外形尺寸如图 6 – 47 ～ 图 6 – 49 所示。

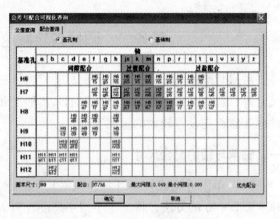

图 6 – 41　端盖与轴承孔的配合（2）

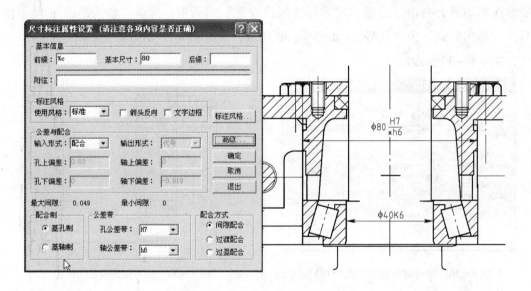

图 6 – 42　端盖与轴承孔的配合（2）

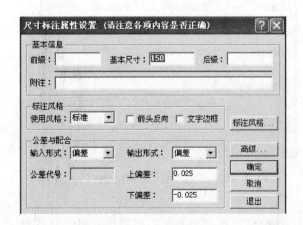

图 6 – 43　特性尺寸标注（1）

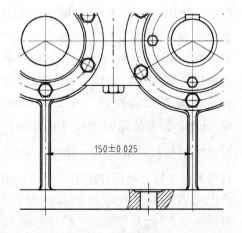

图 6 – 44　特性尺寸标注（2）

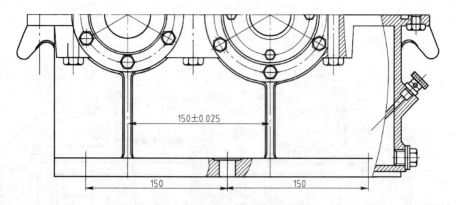

图 6-45　安装尺寸标注（1）

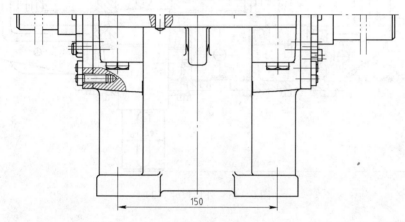

图 6-46　安装尺寸标注（2）

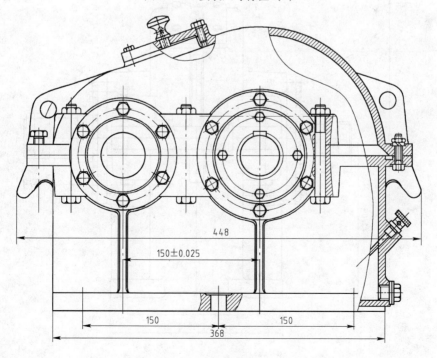

图 6-47　外形尺寸（1）

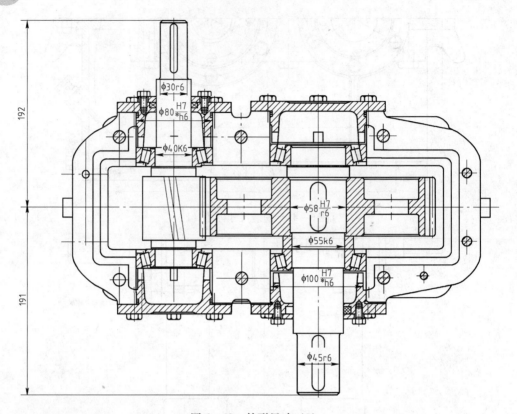

图 6 – 48 外形尺寸（2）

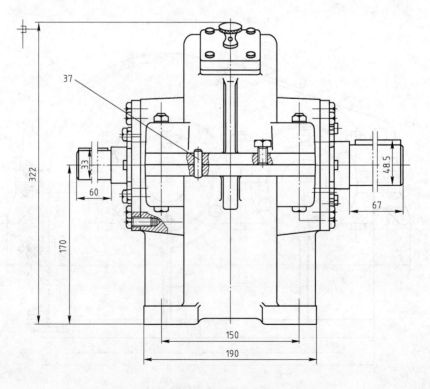

图 6 – 49 外形尺寸（3）

任务三　圆柱齿轮减速机各零件序号明细表

（1）单击【幅面】→【序号设置】，系统出现如图 6-50 所示对话框。选择其中一种，这里我们选择第一种。文字字高选 10，单击 确定 按钮。

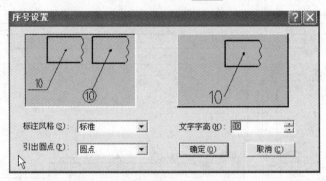

图 6-50　序号设置

（2）单击【幅面】→【生成序号】，系统出现如图 6-51 所示的立即菜单。

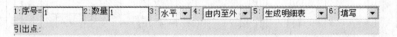

图 6-51　生成序号立即菜单

（3）选择相应的零件，系统弹出"填写明细表"对话框。逐项填写各零件的信息，这时系统自动生成明细表，如图 6-52～图 6-56 所示。

注意：1）当需要修改表项时，单击【幅面】→【明细表】→【填写明细表】，立即菜单出现拾取表项。操作时要注意一定要把鼠标点击在要修改行的表项上，才能出现相应的表格。否则系统将出现错误的信息。

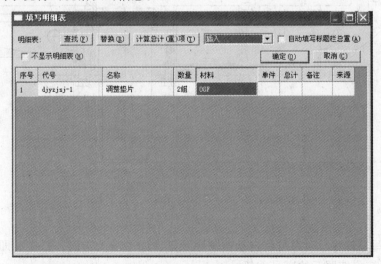

图 6-52　填写明细表

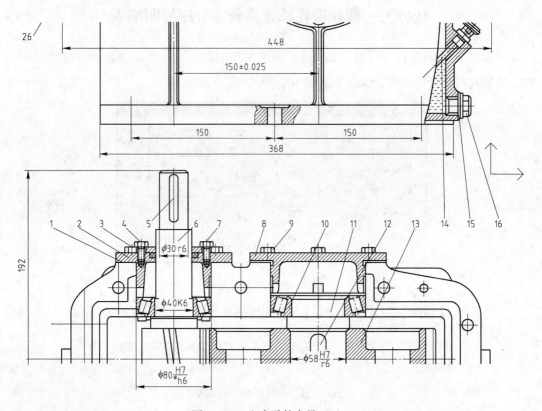

图 6-53　生成零件序号（1）

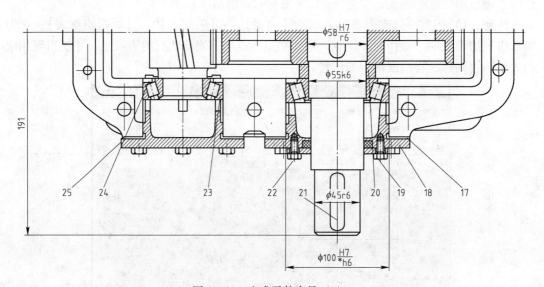

图 6-54　生成零件序号（2）

2）在编写零件序号时系统将自动按顺序顺延，如果输入错误，可在立即菜单中重新输入序号，系统将按照新的序号重新排序。

3）如果在输入完成后发现漏掉了某个零件，可以再次点击【幅面】→【生成序号】

输入相应序号，计算机会提示你选择插入零件，系统会自动按新的输入重新排序。

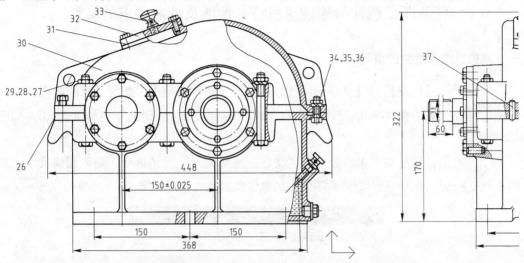

图 6−55　生成零件序号（3）

序号	代号	名称	数量	材料	单件 重量	总计	备注
37	djyzjsj－37	圆锥销 A 型	2	35			磨削
36	djyzjsj－36	六角头螺栓	2	Q235			
35	djyzjsj－35	弹簧垫圈	2	65Mn			
34	djyzjsj－34	六角螺母	2	Q235			GB/T 5311—2000
33	djyzjsj－33	通气器	1	Q235			
32	djyzjsj－32	视孔盖	1	Q215			
31	djyzjsj－31	垫片	1	石棉橡胶纸			
30	djyzjsj－30	机盖	1	HT200			
29	djyzjsj－29	六角头螺栓	6	Q235			
28	djyzjsj－28	弹簧垫片	2	65Mn			
27	djyzjsj－27	螺母	6	Q235			GB/T 1543—2000
26	djyzjsj－26	机座	1	HT200			
25	djyzjsj－25	端盖	1	HT200			
24	djyzjsj－24	挡油环	2	Q235			
23	djyzjsj－23	圆锥滚子轴承 30000 型	2				02 系列
22	djyzjsj－22	毡圈	1	细毛毡			
21	djyzjsj－21	键	1				GB1894—79
20	djyzjsj－20	定距环	1	Q235			
19	djyzjsj－19	密封盖	1	Q235			
18	djyzjsj－18	透盖	1	HT200			
17	djyzjsj－17	调整垫片	2	Q215			
16	djyzjsj－16	螺塞	1	Q235			
15	djyzjsj－15	垫片	1	石棉橡胶纸			
14	djyzjsj－14	油标	1				
13	djyzjsj－13	大齿轮	1	40			
12	djyzjsj－12	键	1				GB1894—79
11	djyzjsj－11	轴	1	45			
10	djyzjsj－10	圆锥滚子轴承 30000 型	2				02 系列
9	djyzjsj－9	六角头螺栓	24	Q235			
8	djyzjsj－8	端盖	1	HT200			
7	djyzjsj－7	毡圈	1	细毛毡			
6	djyzjsj－6	齿轮轴	1	45			
5	djyzjsj－5	键	1				GB1894—79
4	djyzjsj－4	螺钉	12	Q235			
3	djyzjsj－3	密封盖	1	Q235			
2	djyzjsj－2	透盖	1	HT200			
1	djyzjsj－1	调整垫片	2	Q215			
序号	代号	名称	数量	材料	单件	总计	备注
					重量		

图 6−56　自动生成的明细表

任务四 圆柱齿轮减速机技术性能及技术要求的填写

一、减速机技术性能的填写

（1）单击【绘图】→【文字】或图标 **A**，在图纸中选定书写位置，系统出现"文字标注与编辑"对话框，单击 设置 ，选择字号10。单击 确定 则文字字号变为10，如图6-57所示。

（2）右击，重复文字 **A** 命令，在"文字标注与编辑"对话框中，输入相应文字，如图6-58所示。单击 确定 则可在图纸中的选定位置输入相应文字。

图6-57 输入特性参数

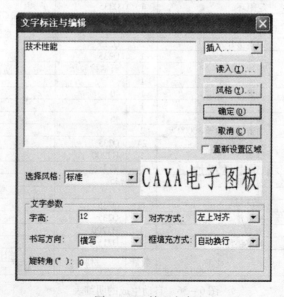

图6-58 输入文字

（3）右击，重复文字**A**命令，在图纸上确定选择书写位置，单击"设置"出现对话框后，改字高为12。单击 确定 则文字字号变为12。

（4）在"文字标注与编辑"对话框中，输入相应文字，如图6-57、图6-58所示。单击 确定 则可在图纸中的选定位置输入相应文字，如图6-59所示。

技术性能

功率：4kW；高速轴转速：572r/min，传动比：3.92。

图6-59　图纸中的技术性能文字

二、减速机技术要求的填写

（1）单击【绘制】→【库操作】→【技术要求库】或图标，系统弹出"技术要求生成及技术要求库管理"对话框，输入文字，如图6-60所示。

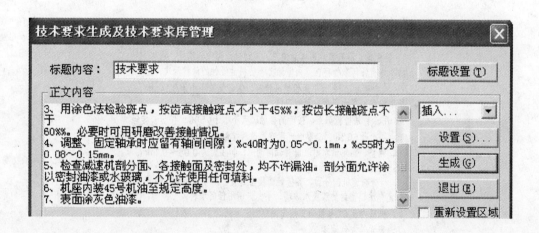

图6-60　减速机装配图技术要求

（2）在技术要求库中点击"增加新类别"输入"减速机装配"，逐条把技术要求复制在技术要求库中。单击 生成 ，则在图纸中填入技术要求并把输入储存在技术要求库中。如图6-61、图6-62所示。

（3）单击【幅面】→【填写标题栏】或图标，填入相应文字，单击 确定 即可。如图6-63所示。这样减速机装配图就绘制出来了。如图6-64所示。

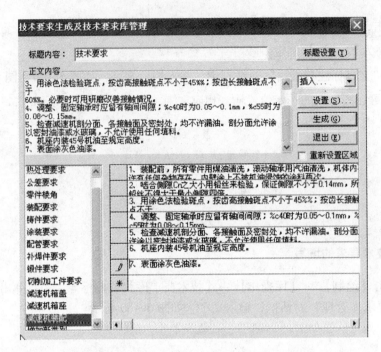

图 6 – 61　减速机装配图技术要求的入库

技术要求

1、装配前，所有零件用煤油清洗，滚动轴承用汽油清洗，机体
内不许有任何杂物存在。内壁涂上不被机油侵蚀的涂料两次。

2、啮合侧隙 C_n 之大小用铅丝来检验，保证侧隙不小于 0.14 mm，
所用铅丝不得大于最小侧隙四倍。

3、用涂色法检验斑点，按齿高接触斑点不小于 45%；按齿长接触
斑点不小于 60%。必要时可用研磨改善接触情况。

4、调整、固定轴承时应留有轴间间隙；ϕ40 时为 0.05～0.1mm，
ϕ55 时为 0.08～0.15mm。

5、检查减速机剖分面、各接触面及密封处，均不许漏油。剖分
面允许涂以密封油漆或水玻璃，不允许使用任何填料。

6、机座内装 45 号机油至规定高度。

7、表面涂灰色油漆。

图 6 – 62　减速机装配图技术要求

序号	代号	名称	数量	材料	单件 总计 重量	备注
						设计院
		减速机				一级圆柱齿轮减速机
标记	更改文件名	签字	日期			
设计				图样标记	重量	比例	
						1:1	djyzjsj-0
		日期		共　张	第　张	

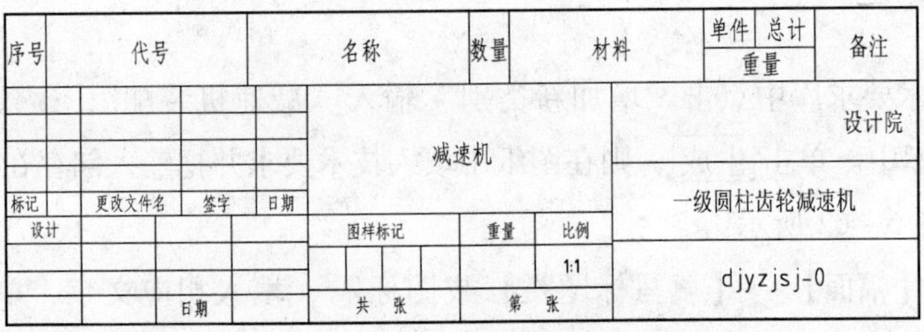

图 6 – 63　减速机装配图标题栏

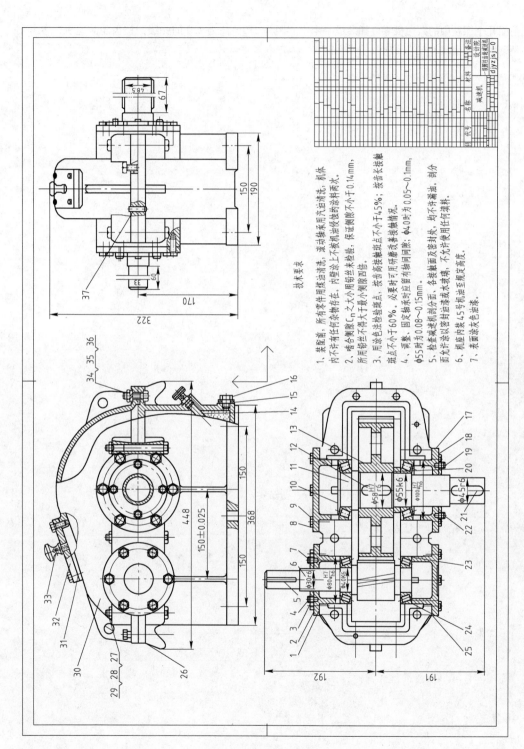

技术要求

1、装配前，所有零件用煤油清洗，滚动轴承系用汽油清洗。机体内不许有任何杂物存在，内壁涂上不被机油侵蚀的涂料两次。

2、啮合侧隙 C_n 之大小用铅丝检验，保证侧隙侧隙不小于 0.14mm，所用铅丝不得大于最小侧隙的四倍。

3、用涂色法检验斑点，按齿高接触斑点不小于 45%；按齿长接触斑点不小于 60%，必要时可用研磨、刮研改善接触情况。

4、调整、固定轴承轴向游隙；$\phi55$ 时为 0.05~0.1mm，$\phi100$ 时为 0.08~0.15mm。

5、检查减速机剖分面，各接触面及密封处，各接触面不允许漏油，剖分面允许涂以密封油漆或水玻璃，不允许使用任何填料。

6、机座内装 45 号机油至规定高度。

7、表面涂灰色油漆。

图 6-64　一级圆柱齿轮减速机装配图

习　题

1. 把前面几个课题中的减速机零件插装成一个中心距为 210、高为 220 的一级圆柱齿轮减速机，参考书中例题填写明细表，技术要求及技术性能。

课题七　机械装配图设计

┿╍┿

学习目标：

1. 掌握蜗杆减速机装配图的结构设计方法。
2. 掌握蜗杆减速机零件结构设计要点。
3. 熟悉蜗杆减速机的组装过程。

┿╍┿

　　机械设计往往是先绘制装配图，然后由装配图拆卸零件图。一般情况，在经过强度、刚度、稳定性等计算后，主要零件的基本尺寸就确定了，运用这些基本尺寸，我们就可以进行机械设备的结构设计。结构设计在机械设计中占很大比重，是机械工程专业的学生必须掌握的基本技能，本课题通过《机械设计手册软件版》设计的一个蜗杆减速机设计结果讨论如何运用电子图板进行机械装配图设计的基本步骤。

任务一　蜗杆减速机结构设计

一、普通蜗杆设计输入参数

　　普通蜗杆设计输入参数如下：

传递功率 P/kW	2.59
蜗杆转矩 $T_1/\mathrm{N \cdot m}$	16.94
蜗轮转矩 $T_2/\mathrm{N \cdot m}$	198.73
蜗杆转速 $n_1/\mathrm{r \cdot min^{-1}}$	1430.00
蜗轮转速 $n_2/\mathrm{r \cdot min^{-1}}$	106.00
理论传动比 i	13.49
实际传动比 i'	13.50
传动比误差/%	0.07
预定寿命 H/h	48000
原动机类别	电动机
工作机载荷特性	平稳
润滑方式	浸油
蜗杆类型	阿基米德蜗杆
受载侧面	一侧

二、材料及热处理参数

　　材料及热处理参数如下：

蜗杆材料牌号	45（表面淬火）
蜗杆热处理	表面淬火
蜗杆材料硬度	HRC45～55
蜗杆材料齿面粗糙度/μm	1.6～0.8
蜗轮材料牌号及铸造方法	ZCuSn10P1（金属模）
蜗轮材料许用接触应力 $[\sigma]H'$/N·mm^{-2}	220
蜗轮材料许用接触应力 $[\sigma]H$/N·mm^{-2}	133
蜗轮材料许用弯曲应力 $[\sigma]F'$/N·mm^{-2}	70
蜗轮材料许用弯曲应力 $[\sigma]F$/N·mm^{-2}	38

三、蜗杆蜗轮基本参数

经机械设计手册（软件版）计算后，蜗杆蜗轮基本参数如下：

蜗杆头数 z_1	2
蜗轮齿数 z_2	27
模数 m/mm	8.00
法面模数 M_n/mm	7.75
蜗杆分度圆直径 d_1/mm	63.00
中心距 a/mm	140.00
蜗杆导程角 γ	14.250°
蜗轮当量齿数 Z_{v2}	29.65
蜗轮变位系数 x_2	0.06
轴向齿形角 α_x	20.000°
法向齿形角 α_n	19.431°
齿顶高系数 ha^*	1.00
顶隙系数 c^*	0.20
蜗杆齿宽 b_1（不小于）/mm	110.00
蜗轮齿宽 b_2（不大于）/mm	48.00
是否磨削加工	否
蜗杆轴向齿距 px/mm	25.13
蜗杆齿顶高 ha_1/mm	8.00
蜗杆顶隙 c_1/mm	1.60
蜗杆齿根高 hf_1/mm	9.60
蜗杆齿高 h_1/mm	17.60
蜗杆齿顶圆直径 da_1/mm	79.00
蜗杆齿根圆直径 df_1/mm	43.80
蜗轮分度圆直径 d_2/mm	216.00
蜗轮喉圆直径 da_2/mm	233.01
蜗轮齿根圆直径 df_2/mm	197.81
蜗轮齿顶高 ha_2/mm	8.50
蜗轮齿根高 hf_2/mm	9.10
蜗轮齿高 h_2/mm	17.60
蜗轮外圆直径 de_2（不大于）/mm	245.01

蜗轮齿顶圆弧半径 Ra_2/mm	23.50
蜗轮齿根圆弧半径 Rf_2/mm	41.10
蜗杆轴向齿厚 sx_1/mm	12.57
蜗杆法向齿厚 sn_1/mm	12.18
蜗轮分度圆齿厚 s_2/mm	12.93
蜗杆齿厚测量高度 ha_1'/mm	8.00
蜗杆节圆直径 d_1'/mm	64.01
蜗轮节圆直径 d_2'/mm	216.00

四、蜗杆减速机装配图设计

（1）由蜗杆传动设计的计算结果：确定传动为下置式，考虑到蜗杆传动受轴向力作用并要求寿命较长，滚动轴承型号初定为 30308 和 31308。

（2）参考图 7-1 和表 7-1，进入电子图板系统。

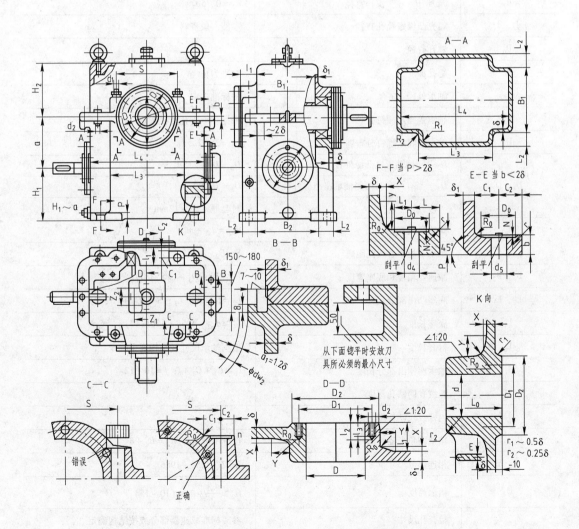

图 7-1　普通圆柱蜗杆传动的蜗杆减速器箱体结构尺寸图例

表 7 -1　普通圆柱蜗杆传动的蜗杆减速器箱体结构尺寸

符　号	名　　称		尺　　寸
a C_1，C_2，R_0，r δ	中心距 螺栓孔承托面处尺寸[①] 底座壁厚		由计算确定 $\delta = 0.04a + (2 \sim 3) \geqslant 8$
δ	箱盖壁厚	蜗杆上置式蜗轮传动	$\delta = (0.8 \sim 0.85)\delta \geqslant 8$
		蜗杆下置式蜗轮传动	$\delta_1 = \delta$
b P m d_ϕ	底座上部和箱盖凸缘厚度 底座下部凸缘厚度 加强肋厚度 地脚螺栓直径		$B = (1.5 \sim 1.75)\delta$ $P = (2.25 \sim 2.75)\delta$ $M = (0.8 \sim 0.85)\delta$ $d_\phi = (1.5 \sim 2)\delta$，$d_\phi$ 应用计算方法检查
d_1	固定箱盖和	轴承螺栓直径	$d_1 = 0.75d_\phi$
d_2	底座用	螺栓直径	$d_2 = 0.75d_1$
d_2，d_1	箱壳凸缘螺栓孔直径		参阅一般资料
D_0	锪孔直径		
N	锪孔深度		锪平为止
D	轴承外径		按标准选定
d_3	轴承盖固定螺钉直径		根据轴承座孔直径选定
D_1	轴承盖固定螺钉分布圆直径		$D_1 = D + 2.5d_3$
D_2，D_3	D_2—同侧轴承座凸缘外径		$D_2 = D_1 + 2.5d_3$
	D_3—当有衬套时两侧轴承座凸缘外径		$D_3 = D_2 + 2s$
			衬套厚 $s = 8 \sim 12$mm
d_{w2}	蜗轮最大直径		$d_{w2} = d_{a2} + m_i$
S	轴承螺栓中心线间距离		$S \approx D_2$
B_1，B_2	减速器箱盖和底座宽度		B_1，$B_2 \approx D_3 + (15 \sim 20)$
L_2，L_3	底座凸出部分尺寸		$L_2 = t_1 - 10$，$L_3 \approx S + 2C_2 + (5 \sim 7)$
L_4	底座长度		$L_4 \geqslant d_{m2} + 4.5\delta + (30 \sim 40)$
L_5	衬套长度		根据轴承尺寸及结构要求确定
l_1	轴承座伸出部分长度		$l_1 \geqslant C_1 + C_2 + f$；$f = 10 \sim 12$
l_2	螺纹孔的钻孔深度		
l_3	内螺纹攻丝长度		
R_1，R_2	箱壁圆角半径		按标准取 R_1，$R_2 = R_1 + \delta$
X，Y	相连部分尺寸		JB/ZQ 4254—1986
H_2	箱盖高度		$H_2 \geqslant \dfrac{d_{w2}}{2} + \delta_1 + (10 \sim 15)$
Z_1，Z_2	检查孔尺寸		参阅标准减速器部分或按结构确定
a_1	蜗轮最大直径与箱壳内壁间的间隙		$a_1 = (15 \sim 30)$ 或 $a_1 \approx 1.2\delta$

续表 7－1

符　号	名　　称					尺　寸				
L_1，L	地脚螺栓孔和凸缘尺寸									
地脚螺栓直径	M14	M16	M29	M22，M24	M27	M30	M36	M42	M48	M56
L_1	22	25	30	35	42	50	55	60	70	95
L_2	22	23	25	32	40	50	55	60	70	95

说　明	表中所列尺寸关系同样适合于带有散热片的蜗杆减速器 散热片的尺寸按下列经验公式确定 $H = (4 \sim 5)\delta$ $a_2 = \delta$ $r = 0.5\delta$ $r_1 = 0.25\delta$ $b = 2\delta$

（3）单击幅面图标⊠，在弹出的"图幅设置"对话框中，选图纸幅面"A0"，图框"HENGA0"，标题栏"Mechanical Standard A"。

（4）把当前层设为"隐藏层"，单击直线图标／，选立即菜单为"两点线"、"单个""正交"、"点方式"。绘制主视图和左视图两图的位置线。如图 7－2 所示。

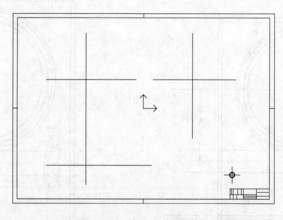

图 7－2　确定三视图位置

（5）按计算出的蜗杆和蜗轮尺寸，运用平行线∥命令和圆⊙命令，配合使用删除／命令和裁剪 ※ 命令，绘制蜗杆和蜗轮外形。如图 7－3 所示。

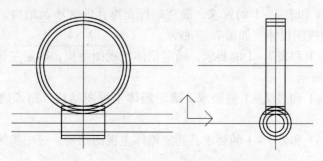

图 7－3　确定蜗杆和蜗轮形状尺寸

（6）单击圆 ⊕ 命令，配合使用删除 ✐ 命令和裁剪 ✂ 命令，绘制蜗轮齿顶圆弧 23.50（mm），蜗轮齿根圆弧 41.10（mm）。如图 7-4 所示。运用镜像 ⚖ 命令，绘制另一半蜗轮。

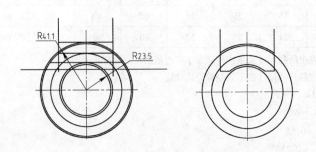

图 7-4　蜗轮齿顶圆弧和蜗轮齿根圆弧

（7）按图 7-1 和表 7-1 的要求，确定主视图宽度和高度（δ=8）。如图 7-5 所示。

（8）单击提取图幅图标 ▦，选【轴承】中的【圆锥滚子轴承】"GB/T 297—1994 圆锥滚子轴承 30000 型 03 系列 30308"。调入蜗杆支撑轴承。如图 7-6 所示。

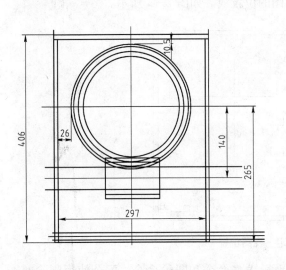

图 7-5　主视图宽度和高度

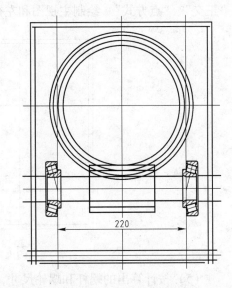

图 7-6　蜗杆支撑轴承

（9）由图 7-1 和表 7-1 的要求，确定蜗杆支撑孔的大小及结构，绘制箱体主视图结构，初步确定主视图尺寸。如图 7-7 所示。

（10）由图 7-1 和表 7-1 的要求，确定箱体左视图结构，确定左视图结构尺寸。如图 7-8、图 7-9 所示。

（11）由图 7-1 和表 7-1 的要求，确定箱体主视图结构，初步确定主视图结构尺寸。如图 7-10 所示。

（12）由图 7-1 和表 7-1 的要求，确定箱体主视图结构，进一步确定主视图结构尺寸。如图 7-11 所示。

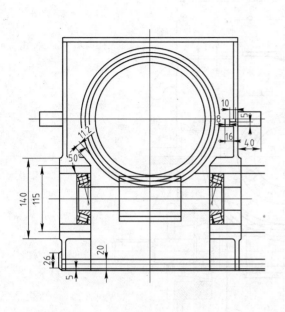

图 7 - 7　主视图箱体结构（1）

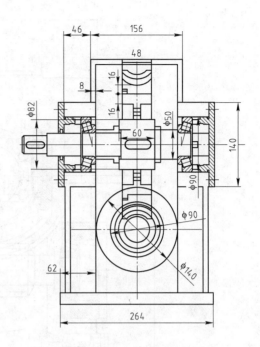

图 7 - 8　左视图箱体结构（1）

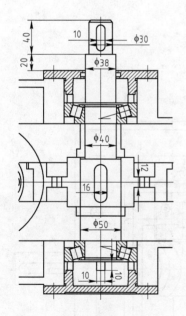

图 7 - 9　左视图箱体结构（2）

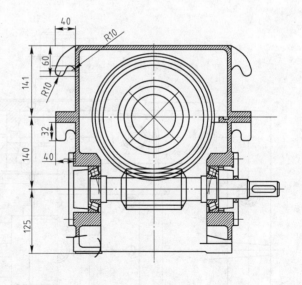

图 7 - 10　主视图箱体结构（2）

（13）由图 7 - 1 和表 7 - 1 的要求，根据长对正、宽相等的原则，初步确定俯视图结构尺寸。如图 7 - 12 所示。

（14）按装配图的要求，对左视图进行进一步的编辑。如图 7 - 13 所示。

（15）按装配图的要求，对主视图进行进一步的编辑。如图 7 - 14、图 7 - 15 所示。

（16）全面检查各视图，补全所有漏线，选取三个视图，右击，在快捷菜单中选"属

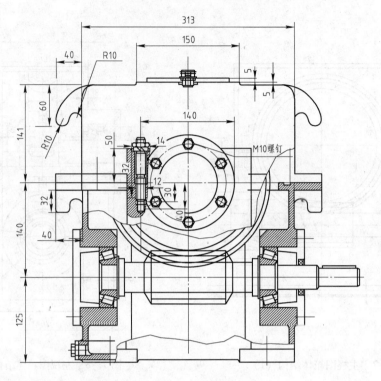

图 7 – 11 主视图箱体结构（3）

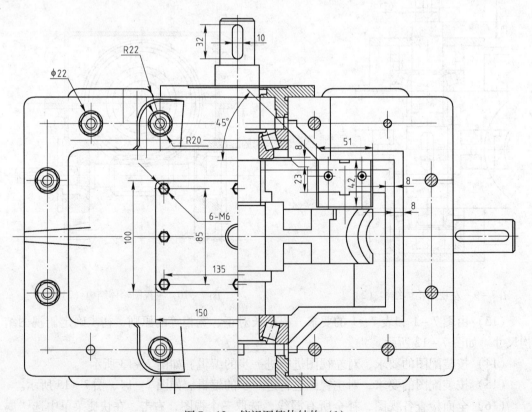

图 7 – 12 俯视图箱体结构（1）

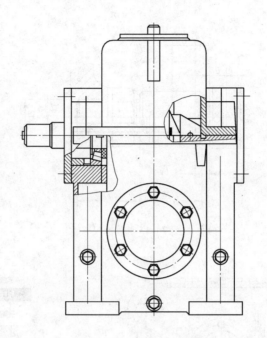

图 7 - 13　左视图装配图

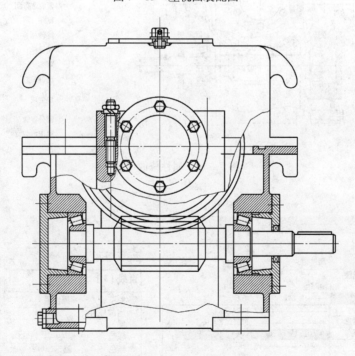

图 7 - 14　主视图装配图

性修改"，如图 7 - 16 所示。系统弹出"属性修改"对话框，改线型为实线，如图 7 - 17、图 7 - 18 所示。

（17）按机械制图的要求，把各视图的中心线的属性变为"点划线"。这样装配草图就基本画好了。如图 7 - 19 所示。

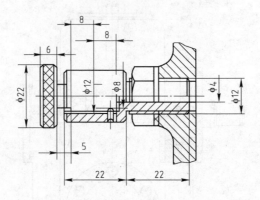

图 7 – 15 游标尺

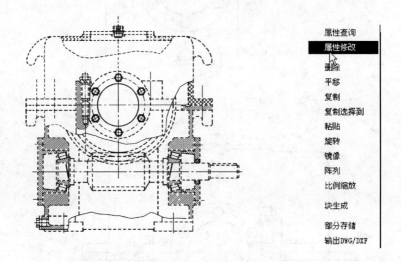

图 7 – 16 属性修改（1）

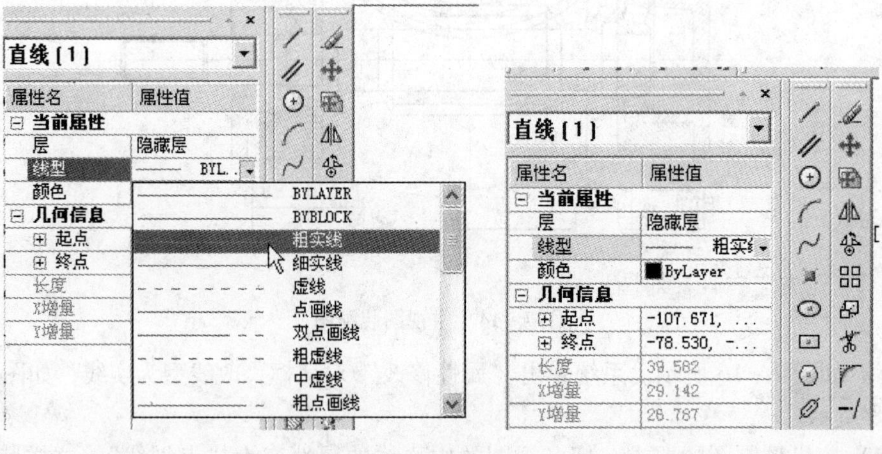

图 7 – 17 属性修改（2）

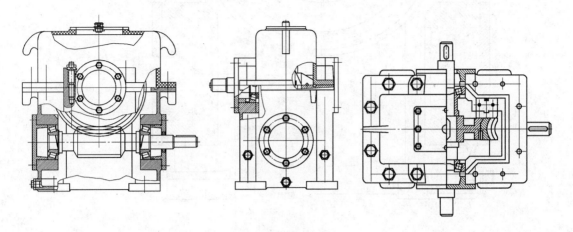

图 7-18　属性修改（3）

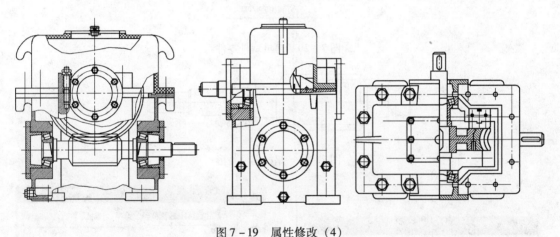

图 7-19　属性修改（4）

任务二　蜗杆减速机零件结构设计

一、蜗杆、蜗轮零件图绘制

（1）初步确定了蜗杆减速机结构尺寸后，选取蜗杆零件右击，系统弹出快捷菜单，如图 7-20 所示，点取其中的"复制选择到"，立即菜单选"1""给定偏移"、"2""保持原态"、"3""非正交"、"4""旋转角度"、"5：比例""1"、"6：分数""1"。把蜗杆拷贝到图中空白处，对图形进行编辑。

（2）编辑后的蜗杆零件外形如图 7-21 所示。

（3）点取定义图符图标，选取蜗杆零件，系统弹出入库对话框，选图符大类为"蜗杆减速机1"，图符小类为"轴"，图符名为"蜗杆"。如图 7-22 所示。单击 确定 按钮，则图符入库。如图 7-23 所示。

（4）同理，把蜗轮拷贝到图中空白处，编辑后如图 7-24 所示。

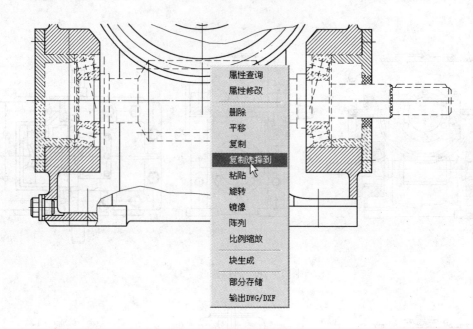

图 7 – 20 拷贝蜗杆零件

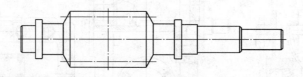

图 7 – 21 蜗杆零件外形

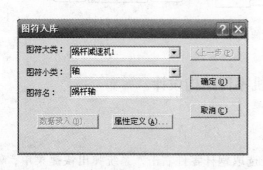

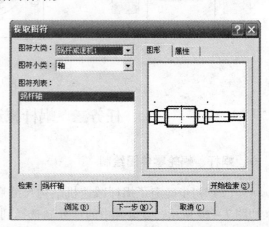

图 7 – 22 蜗杆零件入库（1）   图 7 – 23 蜗杆零件入库（2）

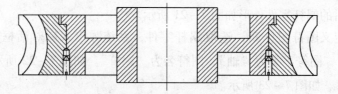

图 7 – 24 蜗轮零件外形

（5）点取定义图符图标🗝，选取蜗轮零件，系统弹出入库对话框，选【图符大类】为"蜗杆减速机1"，【图符小类】为"蜗轮"，图符名为"蜗轮1"。如图7-25所示。单击|确定|按钮，则图符入库。如图7-26所示。

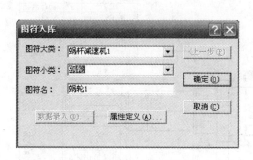

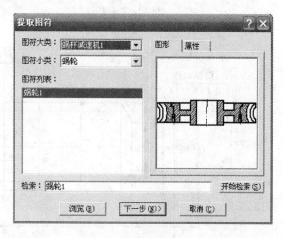

图7-25　蜗轮零件入库（1）　　　　图7-26　蜗轮零件入库（2）

（6）单击新文件图标▢，在弹出的对话框中选取"Mechanical H A2"单击|确定|按钮，则图框被调入电子图板。点击提取图符图标🗝，在弹出的对话框中选【图符大类】为"蜗杆减速机1"，【图符小类】为"轴"，图符列表为"蜗杆"，则蜗杆零件被调入图框。选择比例为1∶1。如图7-27所示。

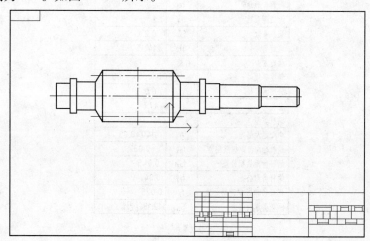

图7-27　调入蜗杆图符

（7）点取蜗杆图符右击，在弹出的快捷菜单中选择"块打散"，按要求修改各轴段尺寸。

（8）对零件图进行标注。填写标题栏，技术要求等。如图7-28、图7-29所示。

（9）关闭"尺寸线层"，按改动的尺寸重新制作图标，点取定义图符图标🗝，按图符大类"蜗杆减速机1"，图符小类"轴"，图符列表为"蜗杆轴"存盘。

（10）同样步骤绘制蜗轮零件图如图7-30、图7-31所示。

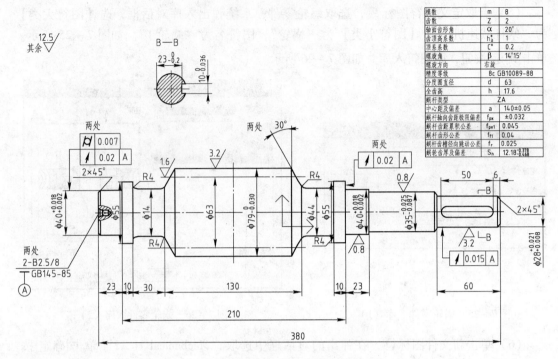

图 7-28　蜗杆零件及标注 (1)

模数	m	8
齿数	Z	2
轴面齿形角	α	20°
齿顶高系数	h_a^*	1
顶系数	C^*	0.2
螺旋角	β	14°15′
螺旋方向		右旋
精度等级		8c GB10089—88
分度圆直径	d	63
全齿高	h	17.6
蜗杆类型		ZA
中心距及偏差	a	140±0.05
蜗杆轴向齿距极限偏差	f_{px}	±0.032
蜗杆齿距累积公差	f_{px1}	0.045
蜗杆齿形公差	f_{f1}	0.04
蜗杆齿槽径向跳动公差	f_r	0.025
蜗轮齿厚及偏差	S_n	$12.18_{-0.468}^{-0.378}$

技术要求

1、蜗杆轴调质处理。

2、蜗杆表面淬火后，硬度 45～55HRC。

3、未注圆角 R=1.5。

						45		蜗杆
标记	处数	更改文件名	签字	日期				
设计					图样标记	重量	比例	
							1:1	wgjsj1-9
			日期		共　张	第　张		

图 7-29　蜗杆零件及标注 (2)

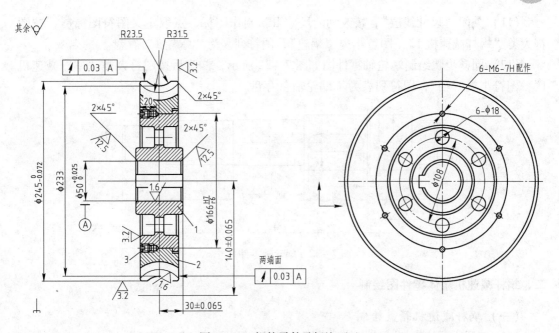

图 7-30　蜗轮零件及标注（1）

模数	m	8
齿数	Z	27
轴面齿形角	α	20°
齿顶高系数	h_a^*	1
顶系系数	c^*	0.2
螺旋角	β	14°15′
螺旋方向		右旋
蜗轮变位系数	x	0.06
精度等级		8c GB10089-88
分度圆直径	d	216
全齿高	h	17.6
蜗杆类型		ZA
中心距及偏差	a	140±0.05
蜗轮齿距极限偏差	f_{pt}	±0.032
蜗轮齿距累积公差	F_p	0.125
蜗轮齿形公差	f_{f2}	0.028
轴交角极限偏差	f_Σ	±0.019
蜗轮齿厚及偏差	S_n	$12.93^{-0}_{-0.16}$

技术要求

1、铸造斜度1:20，铸造圆角R2～3mm。

2、全部倒角2×45°。

3、机加工未注尺寸精度为IT12。

3		螺钉	6	Q235			
2		轮缘	1	ZCuSn10P1			
1		轮芯	1	HT200			
序号	代号	名称	数量	材料	单件　总计 重量		备注
				ZCuSn10P1			
标记 处数 更改文件名 签字 日期 设计			图样标记	重量	比例	蜗轮	
		日期	共　张	第　张	1:1.5		

图 7-31　蜗轮零件及标注（2）

（11）关闭"尺寸线层"，按改动的尺寸重新制作图标，点取定义图符图标▣，按图符大类"蜗杆减速机1"，图符小类"蜗轮"，图符列表为"蜗轮1"存盘。

（12）同样步骤绘制蜗轮轴零件图如图7-32所示，修改后按图符大类"蜗杆减速机1"，图符小类"轴"，图符列表为"蜗轮轴"存盘。

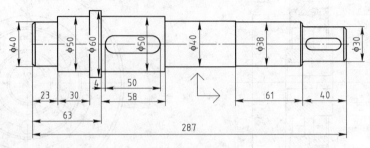

图7-32　蜗轮轴零件尺寸

二、蜗杆减速机箱体零件图绘制

（一）蜗杆减速机箱盖绘制

（1）打开所画的蜗杆减速机装配草图，另存装配图名为"蜗杆箱盖"。

（2）删除蜗杆减速机装配草图下部，分别编辑3个视图。如图7-33所示。

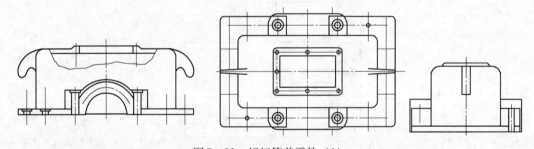

图7-33　蜗杆箱盖零件（1）

（3）把当前层变为"0层"，编辑蜗杆箱盖主视图，绘制螺纹孔和局部剖。

（4）把当前层变为"虚线层"，打散螺栓沉孔图块，任意画一条虚线，点取格式刷▨图标，选取源对象为虚线，点取要改变线型的相应螺栓沉孔各线段及箱盖内壁线，则螺栓沉孔各线段及箱盖内壁线变为虚线。如图7-34所示。

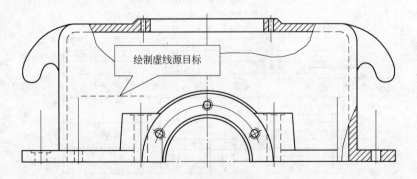

图7-34　蜗杆箱盖主视图

（5）把当前层变为"0 层"，点取剖面线图标![icon]，绘制局部剖。如图 7 - 34 所示。

（6）单击圆图标![icon]，绘制蜗杆箱盖俯视图螺栓孔。调入 M12 螺纹孔如图 7 - 35 所示。

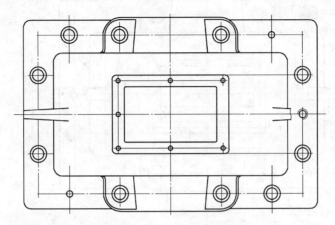

图 7 - 35　蜗杆箱盖俯视图

（7）编辑左视图，运用格式刷功能，绘制箱盖内壁虚线。调入 M6 螺纹孔和 M10 螺纹孔。绘制半剖剖面线。如图 7 - 36 所示。

（8）标注三个视图的尺寸。标注风格取"机械"，如图 7 - 37 ~ 图 7 - 40 所示。

（9）关闭"尺寸线层"，点取定义图符图标![icon]，按图符大类"蜗杆减速机 1"，图符小类"蜗杆箱体"，图符列表为"蜗杆箱盖"存盘。

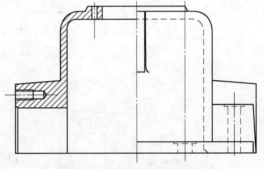

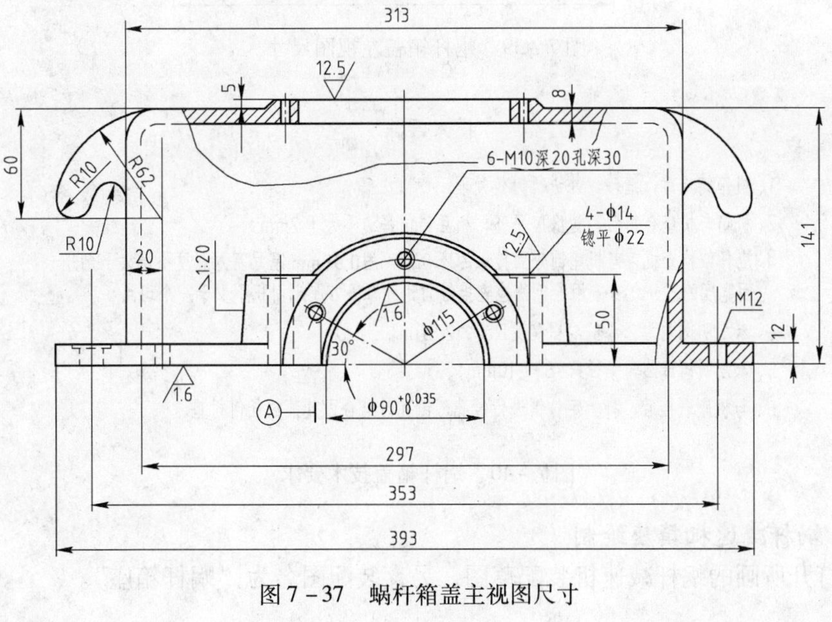

图 7 - 36　蜗杆箱盖左视图

图 7 - 37　蜗杆箱盖主视图尺寸

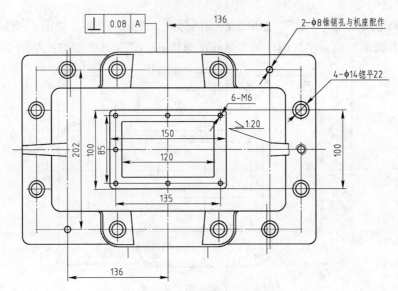

图 7-38 蜗杆箱盖俯视图尺寸

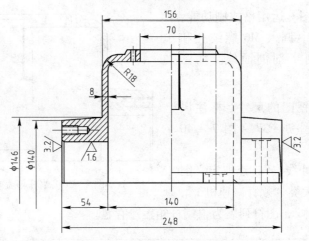

图 7-39 蜗杆箱盖左视图尺寸

技 术 要 求

1、机箱铸成后，清砂，并进行时效处理；

2、机箱与机座合箱后，边缘应平齐，相互错位每边不大于2mm；

3、应仔细检查机盖与机座剖分面接触的密合性，用0.05mm塞尺塞入深度不得大于剖分面宽度的三分之一，用涂色法检查接触面达到每平方厘米面积不少于一个斑点；

4、未注明倒角为2×45°，粗糙度Ra为12.5μm；

5、未注明铸造圆角半径R=5～10mm；

6、与机座联接后，打上定位销进行镗孔，镗孔时结合面处禁放任何衬垫。

图 7-40 蜗杆箱盖技术要求

（二）蜗杆减速机箱座绘制

（1）打开所画的蜗杆减速机装配草图，另存装配图名为"蜗杆箱座"。

（2）删除蜗杆减速机装配草图上部，分别编辑 3 个视图。如图 7 – 41 ~ 图 7 – 43 所示。

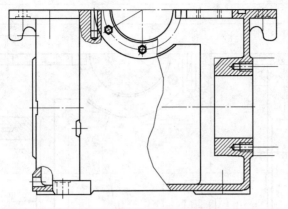

图 7 – 41 蜗杆箱座主视图

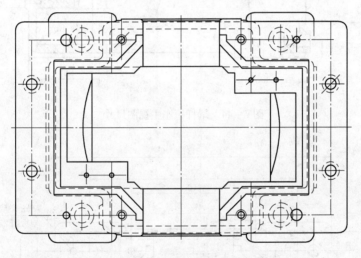

图 7 – 42 蜗杆箱座俯视图

（3）标注 3 个视图的尺寸。标注风格取"标准"，如图 7 – 44 ~ 图 7 – 47 所示。

（4）关闭"尺寸线层"，点取定义图符图标 🔳，按图符大类"蜗杆减速机 1"，图符小类"蜗杆箱体"，图符列表为"蜗杆箱座"存盘。

三、蜗杆减速机端盖、视孔盖、螺塞、油标零件 图绘制

（1）参照绘制蜗杆的方法，分别选端盖、视孔盖、螺塞、油标等零件，平移到装配图的空白处，编辑后按【图符大类】 "蜗杆减速机 1"，【图符小类】小类"蜗杆箱体"，图符列表分别为

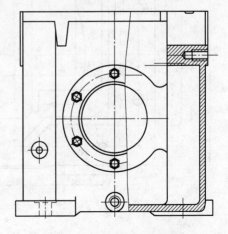

图 7 – 43 蜗杆箱座左视图

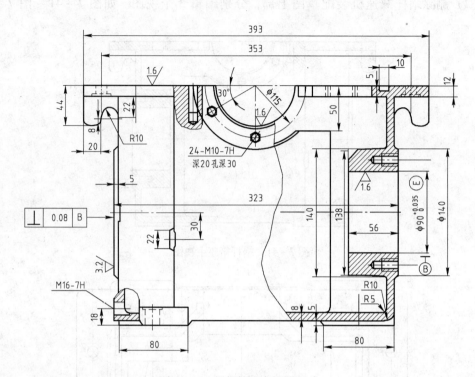

图 7-44　蜗杆箱座主视图尺寸

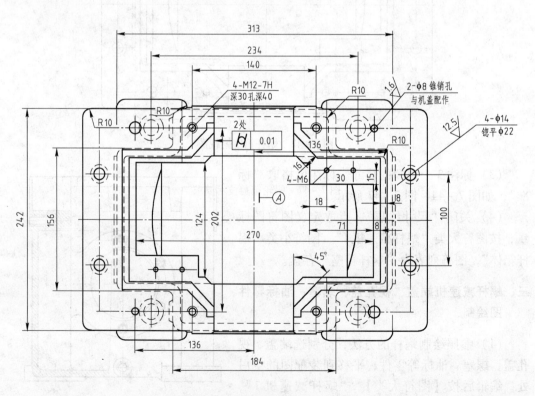

图 7-45　蜗杆箱座俯视图尺寸

"蜗杆端盖"、"蜗杆透盖"、"蜗轮端盖"、"蜗轮透盖"、"视孔盖"、"油标"、"螺塞"、"挡油板"存盘。如图 7 - 48 ~ 图 7 - 51 所示。

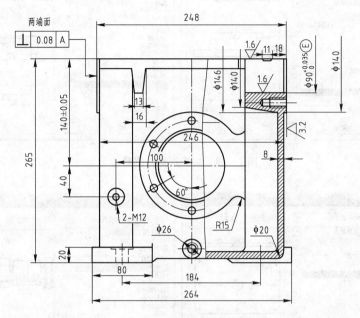

图 7 - 46　蜗杆箱座左视图尺寸

技 术 要 求

1、机座铸成后，用清砂机清理，并进行时效处理；

2、机座与机盖合箱后，边缘应平齐，相互错位每边不大于 2mm；

3、应仔细检查机座与机盖剖分面接触的密合性，用 0.05mm 塞尺塞入深度不得大于剖分面宽度的三分之一，用涂色法检查接触面达到每平方厘米面积不少于一个斑点；

4、未注明倒角为 2×45°，粗糙度 Ra 为 12.5μm；

5、未注明铸造圆角半径 R=5～10mm；

6、与机盖联接后，打上定位销进行镗孔，镗孔时结合面处禁放任何衬垫；

7、机体不准漏油。

图 7 - 47　蜗轮箱盖技术要求

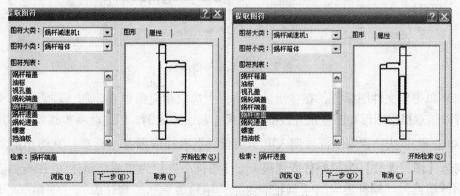

图 7 - 48　蜗杆端盖与蜗杆透盖

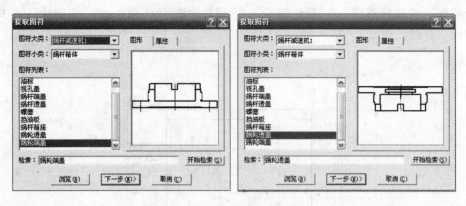

图 7 - 49　蜗轮端盖与蜗轮透盖

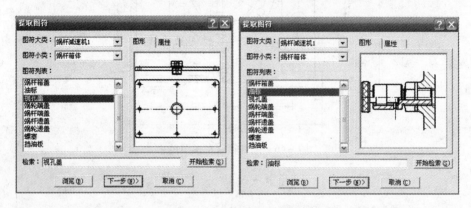

图 7 - 50　视孔盖与油标

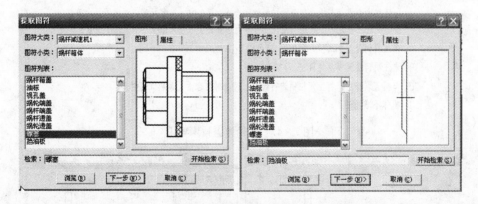

图 7 - 51　螺塞与挡油板

（2）单击新文件图标口，在弹出的对话框中选取相应图框和比例（注意：由于电子图板可以随意根据图形和图框位置改变图框尺寸和图形比例，因此此项步骤要求不用很精确），单击 确定 按钮，则图框被调入电子图板。点取提取图符图标器，在弹出的对话框中分别选【图符大类】为"蜗杆减速机1"，【图符小类】为"蜗杆箱体"，图符列表分别为"蜗杆端盖"、"蜗杆透盖"、"蜗轮端盖"、"蜗轮透盖"、"视孔盖"、"油标"、"螺塞"等零件，精确绘制各零件图，然后重新制成图符，以同样的名称存盘。

任务三　蜗杆减速机的组装

（1）单击新文件图标□，在弹出的对话框中选取图框和比例为"Mechanical H A0"、比例1:2。

（2）把当前层定为"中心线层"，单击直线图标╱，立即菜单选"1""两点线"、"2""单个"、"3""正交"、"4""点方式"，绘制3个视图的位置线。

（3）点取提取图符图标▓，在弹出的对话框中分别选【图符大类】为"蜗杆减速机1"，【图符小类】为"蜗杆箱体"，图符列表为"蜗杆箱座"调入蜗杆箱座。如图7－52所示。

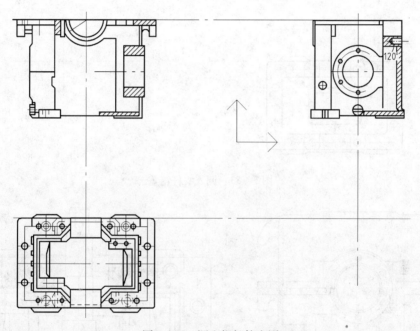

图7－52　调入蜗杆箱座图

（4）点取提取图符图标▓，在弹出的对话框中分别选【图符大类】为"蜗杆减速机1"【图符小类】为"蜗杆箱体"，图符列表为"蜗杆箱盖"调入蜗杆箱盖。如图7－53所示。

（5）点取提取图符图标▓，在弹出的对话框中分别选【图符大类】为"蜗杆减速机1"，【图符小类】为"蜗杆箱体"，图符列表为"蜗杆轴"调入蜗杆轴。如图7－54所示。

（6）点取提取图符图标▓，在弹出的对话框中分别选【图符大类】为"蜗杆减速机1"，【图符小类】为"蜗杆箱体"，图符列表为"蜗轮轴"调入蜗轮轴。如图7－55、图7－56所示。

（7）点取提取图符图标▓，在弹出的对话框中分别选【图符大类】为"蜗杆减速机1"，【图符小类】为"蜗杆箱体"，图符列表为"蜗轮轴"调入蜗轮轴。如图7－57所示。

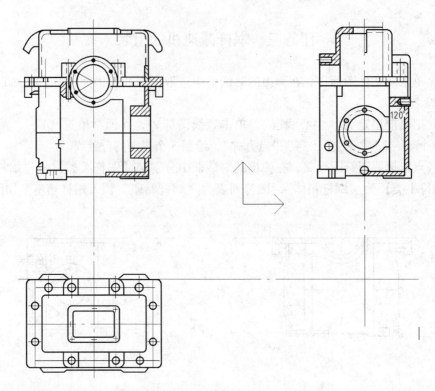

图 7 - 53　调入蜗杆箱盖

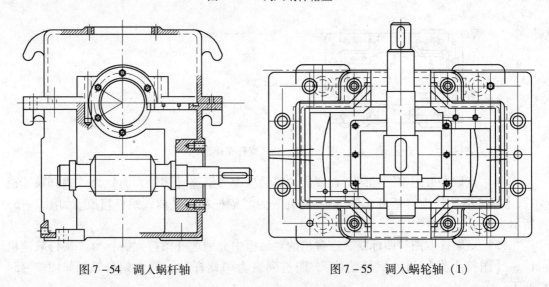

图 7 - 54　调入蜗杆轴　　　　　　　图 7 - 55　调入蜗轮轴（1）

（8）点取提取图符图标◻，在弹出的对话框中分别选【图符大类】为"轴承"，【图符小类】为"圆锥滚子轴承"，图符列表为"GB/T 297—1994 圆锥滚子轴承 30000 型 13 系列"调入 31308 号圆锥滚子轴承。如图 7 - 58、图 7 - 59 所示。

（9）选取主视图轴承孔做镜像，使右侧出现轴承孔。点取提取图符图标◻，在弹出的对话框中分别选【图符大类】为"轴承"，【图符小类】为"圆锥滚子轴承"，图符列表为"GB/T 297—1994 圆锥滚子轴承 30000 型 03 系列"调入 30308 号圆锥滚子轴承。如

图7-60所示。

（10）点取提取图符图标，在弹出的对话框中分别选【图符大类】为"蜗杆减速机1"，【图符小类】为"蜗杆箱体"，图符列表分别为"蜗轮端盖"、"蜗轮透盖"调入蜗轮端盖和蜗轮透盖。如图7-61、图7-62所示。

（11）点取提取图符图标，在弹出的对话框中分别选【图符大类】为"蜗杆减速机1"，【图符小类】为"蜗杆箱体"，图符列表分别为"蜗杆端盖"、"蜗杆透盖"，调入蜗杆端盖和蜗杆透盖。如图7-63所示。

（12）绘制刮油板和蜗轮、蜗杆轴的轴头。插入双头螺栓和螺母及弹簧垫片。如图7-64、图7-65、图7-66所示。

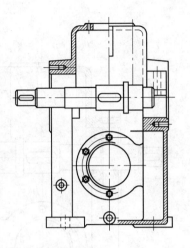

图7-56　调入蜗轮轴（2）

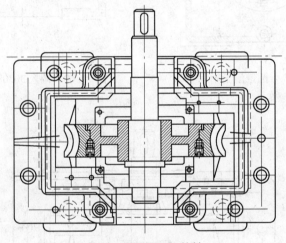

图7-57　调入蜗轮轴

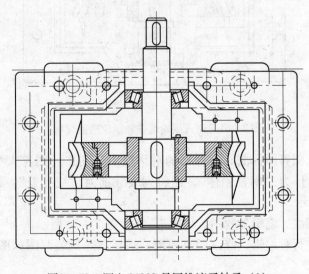

图7-58　调入31308号圆锥滚子轴承（1）

200

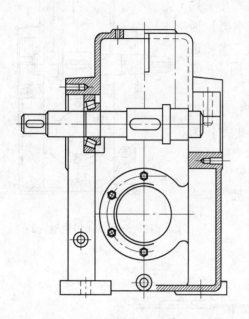

图 7 - 59　调入 31308 号圆锥滚子轴承（2）

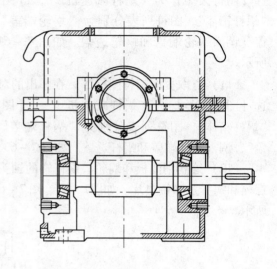

图 7 - 60　调入 30308 号圆锥滚子轴承

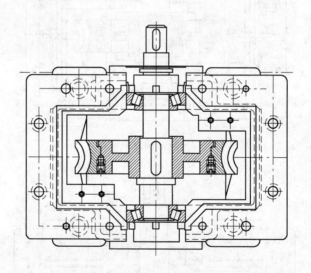

图 7 - 61　调入蜗轮端盖和蜗轮透盖（1）

（13）点取提取图符图标⊡，在弹出的对话框中分别选【图符大类】为"蜗杆减速机 1"，【图符小类】为"蜗杆箱体"，图符列表分别为"视孔盖"，调入视孔盖。如图 7 - 67 ~ 图 7 - 69 所示。

（14）打散各图块，编辑各视图。如图 7 - 70 ~ 图 7 - 72 所示。

（15）检查并进行总编辑，修改所有视图，蜗杆减速机装配图如图 7 - 73 ~ 图 7 - 76 所示。

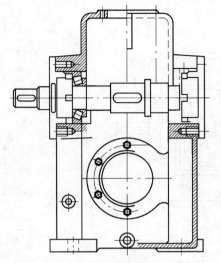

7－62　调入蜗轮端盖和蜗轮透盖（2）

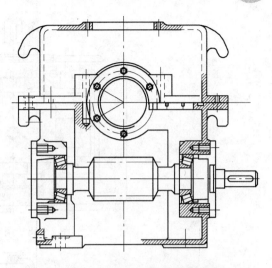

图7－63　调入蜗杆端盖和蜗杆透盖

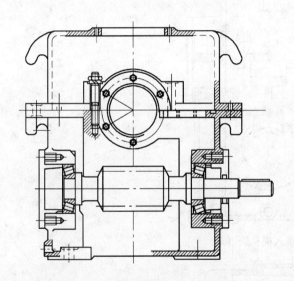

图7－64　绘制蜗杆轴的轴头

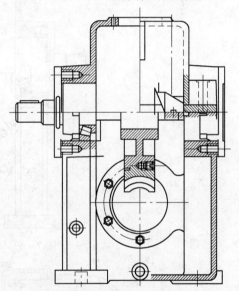

图7－65　绘制蜗轮轴的轴头（1）

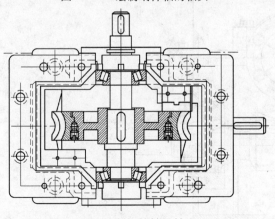

图7－66　绘制蜗轮轴的轴头（2）

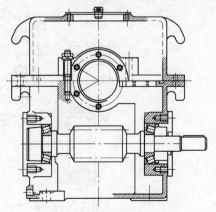

图7－67　调入视孔盖（1）

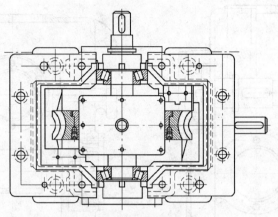

图 7－68　调入视孔盖（2）

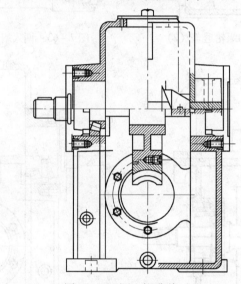

图 7－69　调入视孔盖（3）

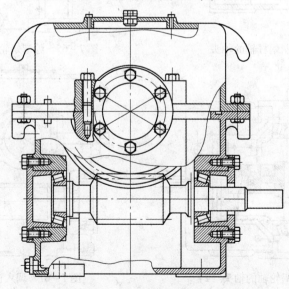

图 7－70　蜗杆减速机主视图

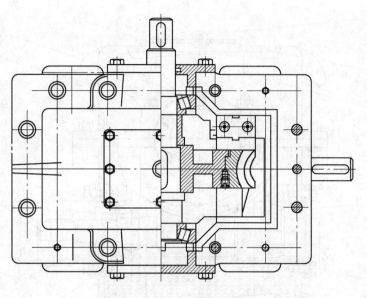

图 7-71 蜗杆减速机俯视图

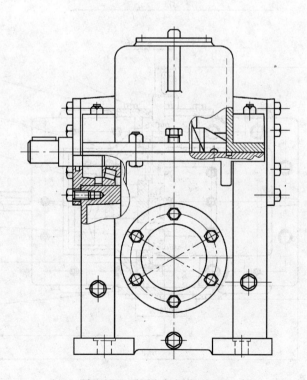

图 7-72 蜗杆减速机左视图

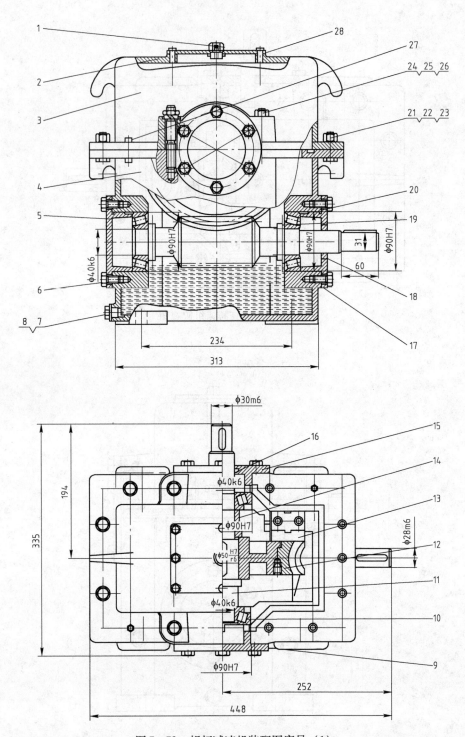

图 7-73　蜗杆减速机装配图序号（1）

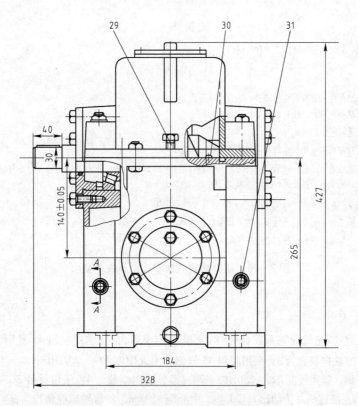

图 7 - 74　蜗杆减速机装配图序号（2）

31		油标	2				
30		螺钉	2	Q235		N6	
29		起盖螺钉	2	Q235		N12	
28		六角头螺栓-全螺纹-C级		钢		GB/T5781-2000	
27		圆锥销	2	Q235			
26		螺母	4	Q235		N12	
25		弹簧垫片	4	65Nn			
24		起头螺栓	4	Q235		N12	
23		螺母	4	Q235		N12	
22		弹簧垫片	4	65Nn			
21		螺钉	4	Q235			
20		圆锥滚子轴承	2			30308	
19		挡油环	2	Q195			
18		内包骨架旋转轴唇形密封圈	1	ACN			
17		调整垫片	1组	08P			
16		密封圈	1	半粗羊毛毡			
15		蜗轮端盖	1	HT150			
14		挡圈	1	Q235			
13		刮油板	1	Q195			
12		蜗轮	1			组合件	
11		蜗轮轴	1	45			
10		圆锥滚子轴承	2			31308	
9		蜗轮端盖	1	HT150			
8		螺塞	1	Q235			
7		垫片	1	石棉橡胶纸			
6		螺钉	24	Q235			
5		蜗杆端盖	1	HT150			
4		蜗杆箱座	1	Q235			
3		蜗杆箱座	1	HT200			
2		视孔盖	1	Q235			
1		通气器	1				
序号	代号	名称	数量	材料	单件 总计 重量	备注

图 7 - 75　蜗杆减速机装配图序号（3）

技 术 性 能

主动轴功率:2.59kW；主动轴转速:1430r/min；传动比:13.50。

技 术 要 求

1. 装配前所有零件用煤油清洗，滚动轴承用汽油清洗。

2. 各配合、密封、螺钉联结处用脂润滑。

3. 保证侧隙0.13mm。

4. 蜗杆轴承和蜗轮轴承的轴向游隙为0.12～0.20。

5. 装成后进行空负荷试验，条件为：高速轴转速 m=1430r/min，正反转各运转一个小时。运转
平稳，无噪声和撞击声，温升不超过70°。

6. 接触斑点按齿高不得小于60%，按齿宽不得小于60%。

7. 未加工外表面涂灰色油漆，内表面涂红色油漆。

8. 箱内装蜗轮蜗杆油N320至规定高度。

图 7－76　蜗杆减速机技术性能和技术要求

习　　题

1. 两级展开圆柱齿轮减速机齿宽系数 0.4，$Z_1 = 20$ 法向模数为 3，采用材料 45 号钢，调质硬度228－
250HBS；$Z_2 = 79$ 法向模数为 3，采用材料 45 号钢，正火硬度 179－207HBS；$Z_3 = 16$ 法向模数为 4，
采用材料 45 号钢，调质硬度 228－250HBS；Z4 = 83，法向模数为 4，采用材料 ZG340－640，正火硬
度179－207HBS；减速机总传动比 $i = 20.49$，中心距 350mm，各齿轮螺旋角均为 $\beta = 8°6'34''$。按书中
方法设计这个两级圆柱齿轮减速机。如图 7－77 所示。

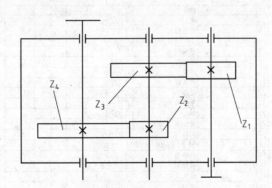

图 7－77　两级展开圆柱齿轮减速机

课题八 图纸管理

学习目标：

1. 掌握手动、自动生成产品树的方法。
2. 掌握在明细或标题栏中的设置显示内容的步骤。
3. 掌握对产品树中的信息进行查询的方法。

任务一 生成产品树

一、自动生成产品树

图纸管理系统是通过自动或者手动生成产品树（提取指定路径下的图纸文件的明细表和标题栏的信息，而建立的反映产品装配关系的产品树），来实现对一整套产品设计图纸的管理。产品装配图和零件图画好后，就可以建立产品树，以便管理。具体步骤是：

（1）单击【工具】→【外部工具】→【个人协同管理工具】。如图 8 – 1 所示。

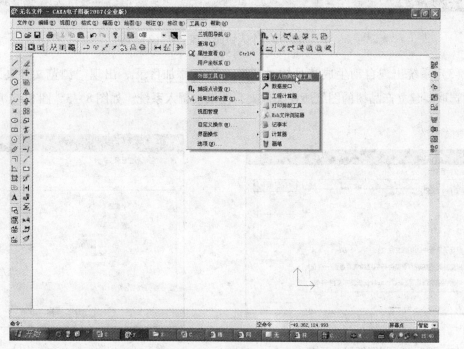

图 8 – 1 进入个人协同管理工具（1）

（2）系统出现"CAXA 协同管理–个人管理工具对话框"后，单击【文件】→【自动生成产品树】或图标 。见图 8 – 2。

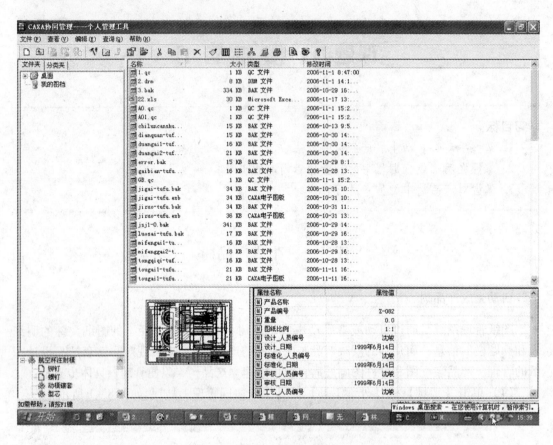

图 8 – 2　个人协同管理工具（2）

（3）系统出现自动生成产品树对话框，单击 添加目录 ，出现"浏览文件夹"对话框，选取要建立产品树的图纸所在文件夹，图纸被调入系统。如图 8 – 3、图 8 – 4 所示。

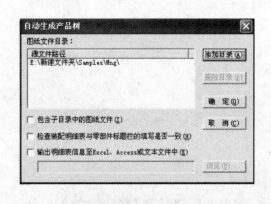

图 8 – 3　把图纸调入系统（1）

图 8 – 4　把图纸调入系统（2）

（4）单击 确定 按钮，系统自动建立产品树，如图 8 - 5 所示。

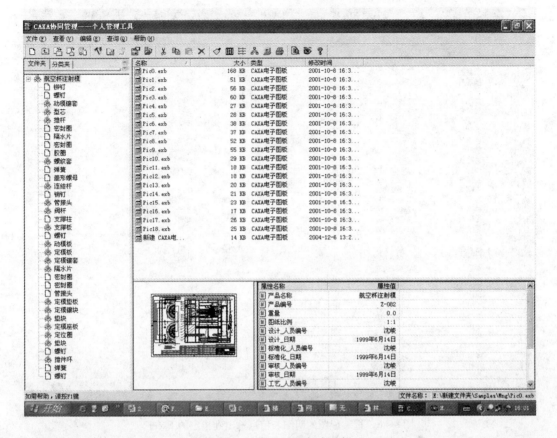

图 8 - 5 航空注塑杯产品树

需要说明的是：1）如果选中复选框一，如果指定目录下还有子文件夹，则将提取包括子文件夹在内的所有图纸文件的信息；2）如果选中复选框二，系统将把装配图纸明细表的名称、重量、材料等信息分别与零件图纸的标题栏中的信息相比较，不一致的给出修改提示；3）如果选中复选框三，将把提取到的装配图的明细表信息输出到指定的 Excel、Access 或文本文件中（由【浏览】指定文件名并显示在编辑框中），如图 8 - 6所示。

另外，在提取图纸信息的过程中，系统将会给出进度以及正在分析的文件名称的提示框；在提取图纸信息的过程中，当系统提取信息发生错误，如读到 EB2000 以前版本的图纸文件（含有系统无法处理的标题栏信息），系统也会给出提示，如图 8 - 7 所示。若系统发现装配图的明细表中不同的零件具有相同的代号，系统会给出错误提示。当提取图纸信息完成后，系统将给出完成提示，其中【详细列表】将显示产品建树过程中的相关数据，如图 8 - 8、图 8 - 9所示。

二、手动生成产品树

手动生成产品树的方法是这样的：

图 8-6　把装配图的明细表信息输出到指定的 Excel

图 8-7　含有系统无法处理的标题栏信息的提示

（1）单击【工具】→【外部工具】→【CAXA 协同管理工具】。

（2）系统出现"CAXA 协同管理 – 个人管理工具"对话框后，单击【文件】→【手动生成产品树】→【新建项目】或图标，系统弹出"新建项目"对话框。如图 8 – 10 所示。

图 8-8　完成建立产品树提示

（3）单击浏览按钮，系统弹出"打开"对话框，

如图 8 – 11 所示。选取 Pic0，单击打开按钮，图纸被调入系统。如图 8 – 12 所示。

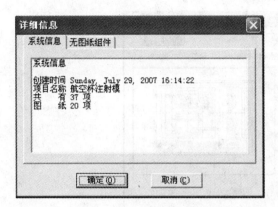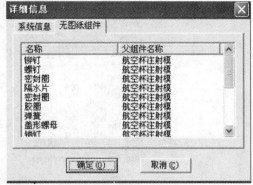

图 8 - 9 产品树详细信息

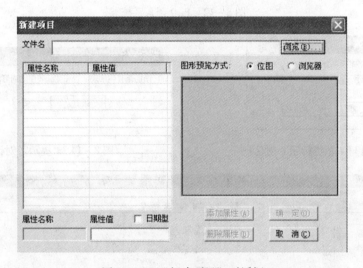

图 8 - 10 "新建项目"对话框

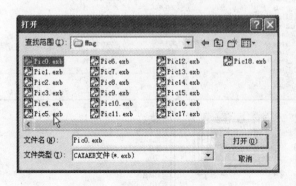

图 8 - 11 "打开"对话框

(4) 单击 确定 按钮，系统弹出"获得标题"对话框，如图 8 - 13 所示，单击 确定 按钮，系统弹出"提示"对话框，再次单击 确定 按钮，如图 8 - 14 所示，手动产品树建立，如图 8 - 15 所示。

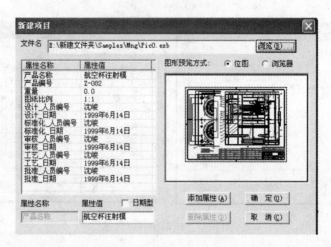

图 8 - 12 Pic0 调入系统

图 8 - 13 "获得标题"对话框

图 8 - 14 "提示"对话框

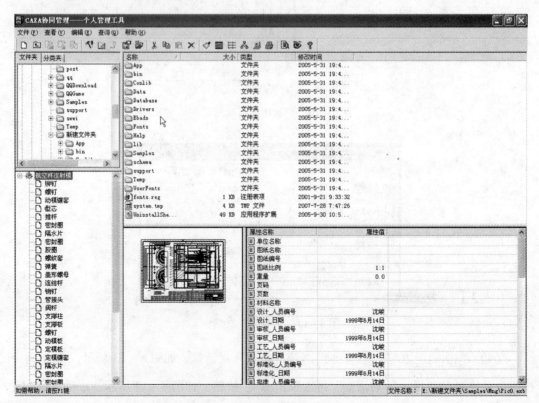

图 8 - 15 Pic0 产品树（1）

（5）选取"定模镶块"零件，点击链接文件图标 🔗，系统出现"联接文件"对话框，如图 8 - 16 所示；单击 浏览 按钮，系统弹出"打开"对话框，如图 8 - 17 所示；选 Pic1 单击 打开 按钮，系统弹出"获得标题"对话框，如图 8 - 18 所示；单击 确定 按钮，"定模镶块"零件被联接在 Pic0 中，如图 8 - 19、图 8 - 20 所示。同样方法可以联接其他。

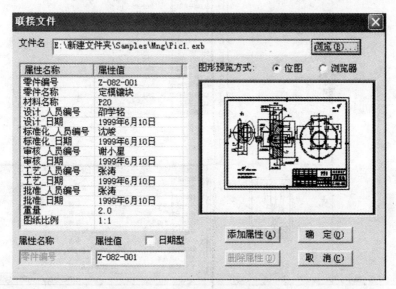

图 8 - 16　"新建文件"对话框

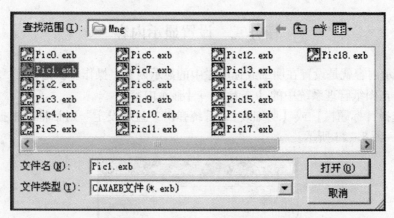

图 8 - 17　打开"定模镶块"零件

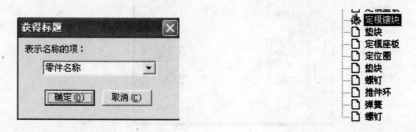

图 8 - 18　"获得标题"对话框　　　　　图 8 - 19　联接在产品树中的定模镶块

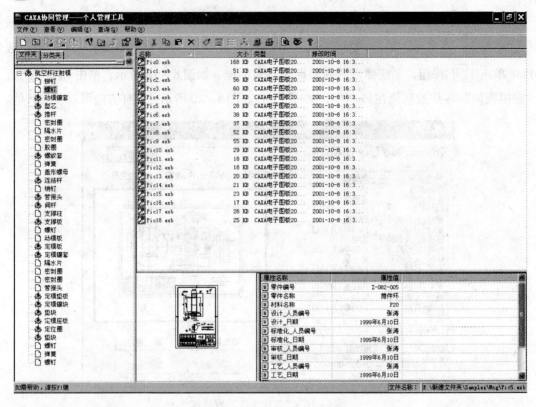

图 8 - 20　Pic0 产品树（2）

任务二　设置显示内容

设置显示内容就是设置在明细或标题栏中的显示内容，操作步骤是：

（1）单击图纸管理系统中的【查看】→【显示内容】。

（2）选择【标题栏】或【明细表】，系统弹出"显示设定"对话框，根据需要选择。如图 8 - 21 ~ 图 8 - 23 所示。

图 8 - 21　"显示设定"对话框

属性名称	属性值
产品名称	航空杯注射模
产品编号	Z-082
重量	0.0
图纸比例	1:1
设计_人员编号	沈峻
设计_日期	1999年6月14日
标准化_人员编号	沈峻
标准化_日期	1999年6月14日
审核_人员编号	沈峻
审核_日期	1999年6月14日
工艺_人员编号	沈峻
工艺_日期	1999年6月14日
批准_人员编号	沈峻
批准_日期	1999年6月14日
零件编号	
零件名称	
材料名称	

图 8-22　系统默认属性

属性名称	属性值
审核_人员编号	沈峻
重量	0.0
审核_日期	1999年6月14日
工艺_人员编号	沈峻
设计	沈峻
图纸比例	1:1
产品编号	Z-082
产品名称	航空杯注射模
名称	航空杯注射模
审核	沈峻
批准	沈峻
批准_日期	1999年6月14日
工艺_日期	1999年6月14日
标准化_日期	1999年6月14日
标准化_人员编号	沈峻
设计_人员编号	沈峻
批准_人员编号	沈峻
设计_日期	1999年6月14日
零件名称	
零件编号	
材料名称	

图 8-23　重新设定的属性

任务三　查　　询

电子图板还能对产品树中的信息进行查询，并对查询结果进行预览、打开、保存、打印等操作。

（1）单击【查询】→【系统信息】命令，弹出当前产品树的系统信息，见图 8-24、图 8-25 所示。

（2）图纸的查询也可以单击【文件】→【文件检索】，系统出现如图 8-26 所示对话框。单击【开始搜索】系统将自动列出所有该目录下 F:\CAXA\CAXAEB\新建文件夹\exb 图。

图 8-24　系统信息、产品结构

图 8-25　属性信息

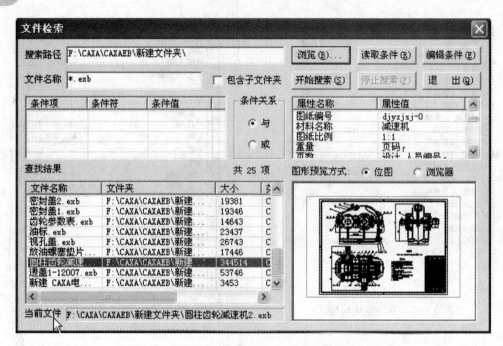

图 8 - 26 查询到的减速机装配图

（3）产品树建立完毕后，如果选中产品树上的装配图结点，可以看到这时的"查询"下拉菜单和右键菜单中的"分类 BOM 表"或者工具栏上的按钮都被激活了，而其他时候是变灰的。此时单击"分类 BOM 表"，会弹出如下所示对话框，分为查询条件显示、查询结果显示、操作按钮区和图形预览区等几块，实现对产品树文件中该结点以下各结点信息的查询和输出。不仅可以利用标准条件方便的查询并输出标准件、图样目录和外购件三表即 Excel、Access 或文本文件，还可以编辑常用条件，自定义查询并输出所需信息。如图 8 - 27 ~ 图 8 - 29 所示。

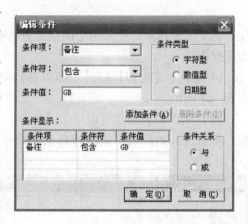

图 8 - 27 编辑分类条件

注意：在图 8 - 28 中，标准条件：可以直接提取由系统提供的查询条件（＊.qc），主要用于查询标准件、图样目录和外购件三张表的信息，如图 8 - 29 所示。

常用条件：可以直接提取用户自定义的查询条件（＊.qc）。

编辑条件：利用"编辑条件"对话框，输入和编辑查询条件。条件之间的逻辑关系可以是"与"或"或"，如图 8 - 30 所示。

其中：1）添加条件：要添加条件必须先点击添加条件按钮，使条件显示区出现灰色条。条件分为条件项、条件符、条件值三部分：

条件项：指明细表中的属性名称，如代号、名称和幅面等；下拉框中提供了可选的属性名称。

条件符：分为三种类型即字符型、数值型、日期。每个类型有几个选项，可以通过

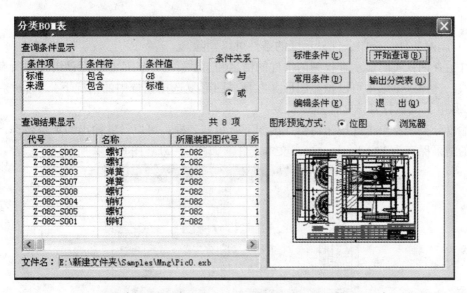

图 8-28 备注包含 GB 的零件分类 BOM 表

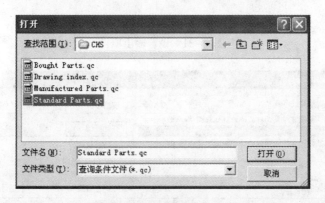

图 8-29 查询对话框

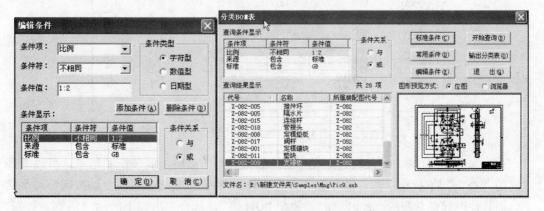

图 8-30 利用"编辑条件"对话框输入和编辑查询条件

下面的下拉框选择。

条件值：即属性值。同样分为 3 种类型：字符型、数值型、日期型；可以通过条件值后面的编辑框输入值，如果数据类型是日期型，编辑框会显示当前日期，通过点击右面的箭头可以激活日期选取对话框进行日期选取。

2）删除条件：选中条件显示区的条件可以删除。

开始查询：实时显示查找到的组件的信息和总数。显示的信息包括该组件的所有属性及其值。选择一个结果可以预显图形（在预显图形复选按钮选中的情况下），通过双击可以用 EB 电子图板打开该文件。

输出分类表：单击此按钮将会弹出如下所示列表框，可以设置输出的项目名称，然后查询的结果保存为 Excel、Access 或文本文件。如图 8－31、图 8－32 所示。

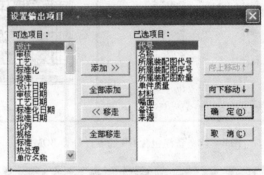

图 8－31　设置输出项目

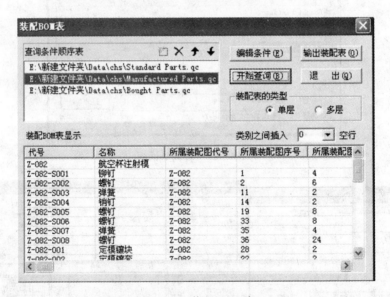

图 8－32　装配 BOM 表

（4）装配 BOM 表。产品树建立完毕后，如果选中产品树上的装配图结点，可以看到这时的"查询"下拉菜单和右键菜单中的"装配 BOM 表"或者工具栏上的按钮都被激活了，而其他时候是变灰的。此时单击"装配 BOM 表"，就会弹出如下所示对话框。首先，设置查询条件及其顺序，然后设定装配表的显示风格类型是"单层"还是"多层"，最后按【开始查询】就可以得到能够表现产品装配关系的信息列表，并且单击【输出装配表】可以输出信息为 Excel、Access 或文本文件。许多操作与分类 BOM 表是一致的，这里就不一一赘述了。

注意：1）显示"单层"装配关系，应用于只需要对明细表信息进行分类而没有必要显示出装配层次，或者产品树只有一层的简单装配关系的情况下。而显示"多层"装配关系，应用于一个总装图下面又有很多部装图的多层次的复杂装配关系的情况下，以便得到体现出装配层次的明细信息列表。

2）装配 BOM 表显示的列表框的各类别的信息之间可以插入空行，以示区分。

（5）产品树建立完毕后，如果原图纸有改动，单击并选择"查询"下拉菜单中的"更新数据"或者直接单击工具栏上的 ▦ 按钮，则将重新提取信息，更新已有的产品树信息。

（6）产品树建立完毕后，如果选中产品树上的装配图结点，可以看到这时的"查询"下拉菜单和右键菜单中的"校核重量"或者工具栏上的按钮都被激活了，而其他时候是变灰的。此时单击"校核重量"，系统会对产品信息中的明细表与标题栏中的重量信息进行校核。如果系统根据装配图的明细表中的各零件的重量信息得到的总重与该结点在标题栏中的重量相比较，如果两者不符或者缺少相关信息，系统就会弹出如下图所示的提示框。如果选择"是"，则系统将会修改产品树文件中的原来填写的重量信息；选择"否"，则不做任何修改。如果明细表和标题栏的显示内容设置中有重量信息，则可以直接在主窗口下看到变化。（注：系统修改的是当前的产品树文件中的重量信息，而不能直接修改原图纸中的相关信息。）

习　题

1. 输出所绘制的减速机装配图的 Excel 信息，找出减速机装配图备注包含 GB 分类的零件。

课题九　打印排版及绘图输出

学习目标：

1. 掌握运用 CAXA 进行图纸排版的方法。
2. 掌握运用 CAXA 进行图纸的打印输出。

任务一　图纸打印排版

一、打印排版工具

　　电子图板有专门的打印排版系统，这就使得电子图板能将若干张大小不同的图纸按照最省纸的方法排列在一张大纸上。进入电子图板打印排版系统的方法是：单击【工具】→【外部工具】→【打印排版工具】，系统弹出一个新的界面，如图 9 – 1 所示。

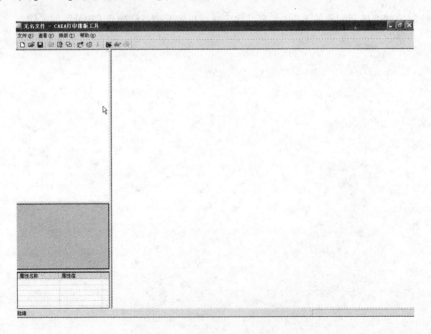

图 9 – 1　CAXA 的打印排版工具

二、图纸排版操作

　　（1）单击图纸排版工具中的"新建"图标 ，系统弹出"选择排版参数"对话框。

如图 9 - 2 所示。选择好图纸幅面后，单击 确定 按钮。

（2）单击【排版】→【插入图形】或图标 ，系统弹出"打开"图形对话框，选要打印的图纸，如图 9 - 3 所示。单击 打开 按钮。系统将自动排版。如图 9 - 3、图 9 - 4 所示。

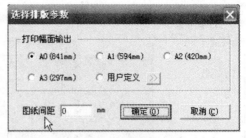

图 9 - 2 选择排版参数

（3）单击【排版】→【手动调整】，运用"平移" "翻转" 能取得良好的效果，如图 9 - 5 所示。

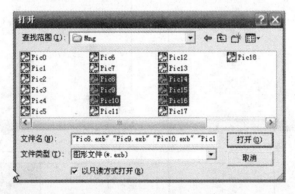

图 9 - 3 选定要打印的图纸

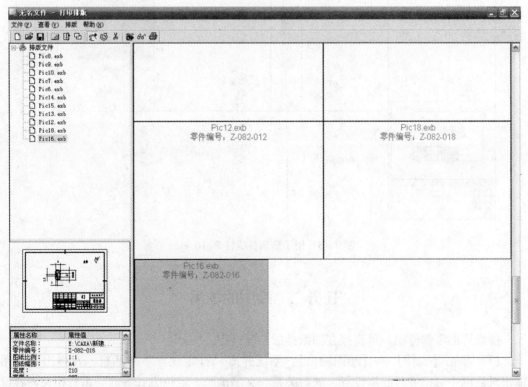

图 9 - 4 打印预览

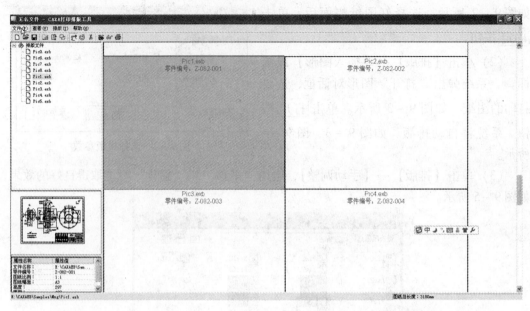

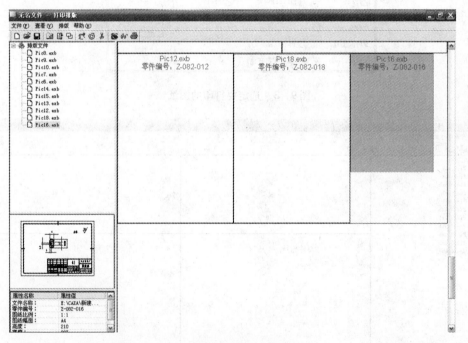

图 9 – 5　用手动调整旋转 Pic16. exb

任务二　绘图的输出

排版后的零部件图，可直接在图纸排版系统打印。

（1）单击【文件】→【绘图输出】，系统弹出"打印设置"对话框。在弹出的绘图输出对话框中可以进行线宽设置、映射关系、文字消隐、定位方式等的一系列相关内容设置，即可进行绘图输出。如图9-6所示。

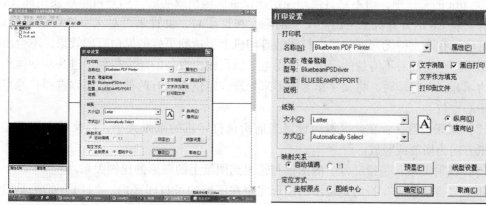

图9-6　打印设置

（2）单击 预显 按钮，可以观察打印后的效果，如图9-7所示。

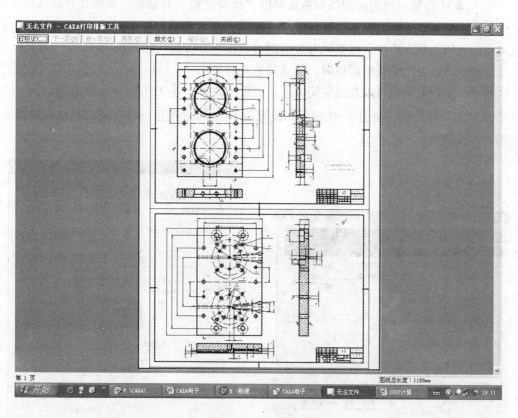

图9-7　预显图形

主对话框中各选项的内容说明如下：

（1）打印机设置区：名称（N），在此区域内选择需要的打印机型号，并且相应地显示打印机的状态。打印到文件，如果不将文档发送到打印机上打印，而将结果发送到文件中，可选中打印到文件复选框。选中该开关后，系统将控制绘图设备的指令输出到一个扩展名为 . prn 的文件中，而不是直接送往绘图设备。输出成功后，用户可单独使用此文件，在没有安装 EB 的计算机上输出。文字消隐，在打印时，设置是否对文字进行消隐处理。黑白打印，在不支持无灰度的黑白打印的打印机上，达到更好的黑白打印效果，不会出现某些图形颜色变浅看不清楚的问题，使得电子图板输出设备的能力得到了进一步加强。文字作为填充，在打印时，将文字作为图形来处理。定位点，有两种方式可以选择：原点定位和中心定位。

（2）纸张设置区：在此区域内设置当前所选打印机的纸张大小，以及纸张来源，选择图纸方向为横放或竖放。

（3）映射关系：是指屏幕上的图形与输出到图纸上的图形的比例关系。

其中"自动填满"指的是输出的图形完全在图纸的可打印区内。"1：1"指的是输出的图形按照 1：1 的关系进行输出。注意：如果图纸幅面与打印纸大小相同，由于打印机有硬裁剪区，可能导致输出的图形不完全。要想得到 1：1 的图纸，可采用拼图。

预显 按钮：单击此按钮后系统在屏幕上模拟显示真实的绘图输出效果。

线型设置 按钮：单击此按钮后系统弹出"线型设置"对话框，系统允许输入标准线型的输出宽度。在下拉列表框中列出了国标规定的线宽系列值。用户可选取其中任一组，也可在输入框中输入数值。线宽的有效范围为 0. 08 ~ 2. 0mm。如图 9 - 8 所示。

注意：当设备为笔式绘图仪时，线宽与笔宽有关。

当然，图形打印也可以在绘制完成后，点击主菜单中【文件】→【绘图输出】，系统弹出"打印"对话框，如图 9 - 9 所示。设置后单击 确定 按钮，即可输出要打印的图形。如图 9 - 10 所示。

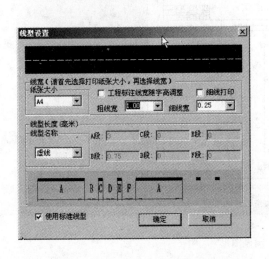

图 9 - 8　线型设置

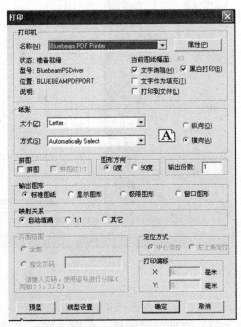

图 9 - 9　打印对话框

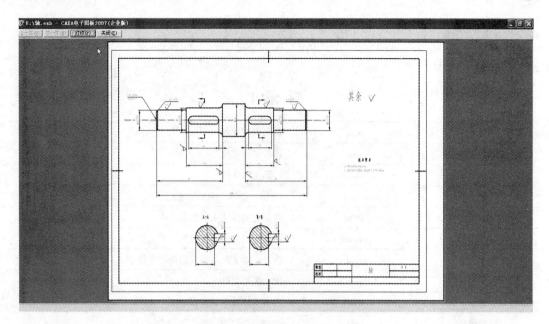

图 9 - 10　预显要打印的零件图

　　到此为止，我们已经介绍了 CAXA 电子图板的全部基本操作及机械课程设计的基本方法，在本书各课题中我们有时对同一种绘制采用了不同的操作方法，目的是充分展现 CAXA 电子图板的各种功能，提高读者熟练运用 CAXA 电子图板进行机械设计的技能。希望本书能带你进入计算机设计和绘图的新天地，让我们一起努力，使计算机更好地为祖国的经济建设服务。

习　题

1. 建立课题六绘制的减速机的产品树，并运用排版工具在零号图纸上把所有的零件图打印出来。

附　录

附　录 1

新文件	new	调出模板文件
打开文件	open	读取原有文件
存储文件	save	存储当前文件
另存文件	saveas	用另一文件名再次存储文件
并入文件	merge	将原有文件并入当前文件中
部分存储	partsave	将图形的一部分存储为一个文件
文本读入	textin	读取文本文件并插入到当前文件中
绘图输出	plot	输出图形文件
退出	quit	退出 CAXA 电子图板系统
重复操作	redo	取消一个"取消操作"命令
取消操作	undo	取消上一项的操作
图形剪切	cut	将当前指定图形剪切到剪贴板上
图形拷贝	copy	将当前指定图形拷贝到剪贴板上
图形粘贴	paste	将剪贴板上的图形粘贴到当前文件中
选择性粘贴	specialpaste	将剪贴板上的图形选择一种方式粘贴到当前文件中
插入对象	insertobject	插入 OLE 对象到当前文件中
删除对象	delobject	将当前激活的 OLE 对象删除
对象属性	objectatt	编辑当前激活的 OLE 对象的属性
拾取删除	del	将拾取的实体删除
删除所有	delall	将所有实体删除
改变颜色	mcolor	将拾取到的实体改变颜色
改变线型	mltype	将拾取到的实体改变线型
改变图层	mlayer	改变实体所在的图层
工具条	vtoolbar	显示/隐藏工具条
属性条	vattribbar	显示/隐藏属性条
常用工具箱	vcommonbar	显示/隐藏常用工具箱
右侧菜单条	vpulldownbar	显示/隐藏右侧菜单条
重画	redraw	刷新屏幕
重新生成	refresh	将选中的显示失真的元素重新生成
全部重新生成	refreshall	将电子图板内所有元素重新生成
显示窗口	zoom	用窗口将图形放大
显示平移	pan	指定屏幕显示中心，将图形平移
显示全部	zoomall	显示全部图形

续表

显示复原	home	恢复图形的初始状态
显示放大	zoomin	按固定比例（1.25 倍）将图形放大
显示缩小	zoomout	按固定比例（0.8 倍）将图形缩小
显示比例	vscale	按给定比例将图形缩放
显示回溯	prev	显示前一幅图形
显示向后	next	显示后一幅图形
图纸幅面	setup	调用或自定义图幅
调入图框	frmload	调入图框模板文件
定义图框	frmdef	将一个图形定义成图框文件
存储图框	frmsave	将定义好的图框文件存盘
调入标题栏	headload	调入标题栏模板文件
定义标题栏	headdef	将一个图形定义为标题栏文件
存储标题栏	headsave	将定义好的标题栏文件存盘
填写标题栏	headerfill	填写标题栏的内容
生成序号	ptno	生成零件序号并填写其属性
删除序号	ptnodel	删除零件序号同时删除其属性
编辑序号	ptnoedit	修改零件序号的位置
序号设置	partnoset	设置零件序号的标注形式
定制表头	tbldef	定制明细表表头
填写表项	tbledit	填写明细表的表项内容
删除表项	tbldel	删除明细表的表项
表格折行	tblbrk	将明细表的表格折行
插入空行	tblnew	在明细表中插入空白行
输出数据	tableexport	将明细表的内容输出到文件
读入数据	tableinput	从文件中读入数据到明细表中
线型	ltype	为系统定制线型
颜色	color	为系统设置颜色
层控制	layer	通过层控制对话框对层进行操作
屏幕点设置	potset	设置屏幕上点的捕获方式
拾取设置	objectset	设定拾取图形元素及拾取盒大小
文本风格	textpara	设定文字参数数值
标注风格	dimpara	设定标注的参数数值
点样式	ddptype	设置屏幕点样式、大小
剖面图案	hpat	设定剖面图案的样式
设置坐标系	setucs	设置用户坐标系
切换坐标系	switch	世界坐标系与用户坐标系切换
隐藏/显示坐标系	drawucs	设置坐标系可见/不可见

续表

删除坐标系	delucs	删除当前坐标系
三视图导航	guide	根据两个视图生成第三个视图
系统配置	syscfg	配置一些系统参数
直线	line	画直线
圆弧	arc	画圆弧
圆	circle	画圆
矩形	rect	画矩形
中心线	centerl	画圆、圆弧的十字中心线，或两平行直线的中心线
样条	spline	画样条曲线
轮廓线	contour	画由直线与圆弧构成的首尾相连的封闭或不封闭的曲线
等距线	offset	画直线、圆或圆弧的等距离的线
剖面线	hatch	画剖面线
正多边形	polygon	画正多边形
椭圆	ellipse	画椭圆
孔/轴	hole	画孔或轴并同时画出它们的中心线
波浪线	wavel	画波浪线，即断裂线
双折线	condup	用于表达直线的延伸
公式曲线	fomul	可以绘制出用数学公式表达的曲线
填充	solid	对封闭区域的填充
箭头	arrow	单独绘制箭头或为直线、曲线添加箭头
点	point	画一个孤立的点
尺寸标注	dim	按不同形式标注尺寸
坐标标注	dimco	按坐标方式标注尺寸
倒角标注	dimch	标注倒角尺寸
文字标注	text	标注文字
引出说明	ldtext	画出引出线
基准代号	datum	画出形位公差等基准代号
粗糙度	rough	标注表面粗糙度
形位公差	fcs	标注形位公差
焊接符号	weld	用于各种焊接符号的标注
剖切符号	hatchpos	标出剖面的剖切位置
标注编辑	dimedit	对标注进行编辑
裁剪	trim	将多余线段进行裁剪
过渡	corner	直线或圆弧间做圆角、倒角过渡
齐边	edge	将系列线段按某边界齐边或延伸
打断	break	将直线或曲线打断
拉伸	stretch	将直线或曲线拉伸

平移	move	将实体平移或拷贝
旋转	rotate	将实体旋转或拷贝
镜像	mirror	将实体作对称镜像和拷贝
比例缩放	scale	
阵列	array	将实体按圆形或矩形阵列
局部放大	enlarge	将实体的局部进行放大
块生成	block	将一个图形组成块
块打散	explode	将块打散成图形元素
块消隐	hide	作消隐处理
块属性	attrib	显示、修改块属性
块属性表	atttab	制作块属性表
提取图符	sym	从图库中提取图符
定义图符	symdef	定义图符
图库管理	symman	对图库进行增、减、合并等管理
驱动图符	symdrv	对图库提取的图符进行参数驱动
尺寸驱动	drive	对当前拣取的实体进行尺寸驱动
格式刷	match	目标对象移居源对象属性变化
点查询	id	查询一个点的坐标
两点距离查询	dist	查询两点间的距离及偏移量
角度查询	angle	查询角度
元素属性查询	list	查询图形元素的属性
周长查询	circum	查询连续曲（直）线的长度
面积查询	area	查询封闭面的面积
重心查询	barcen	查询封闭面的重心
惯性矩查询	iner	查询选中实体的惯性矩
系统状态	status	查询当前系统状态
帮助索引	help	CAXA 电子图板的帮助
命令列表	cmdlist	CAXA 电子图板所有命令的列表
关于电子图板	about	CAXA 电子图板的版本信息
图纸检索	idx	按给定条件检索图纸
应用程序管理器	ebamng	应用程序管理器
构件库	conlib	构件库
技术要求库	speclib	技术要求库
自定义	customize	定制界面
切换新老界面	newold	切换新老界面
全屏显示	fullview	切换全屏显示和窗口显示
动态平移	dyntrans	使用鼠标拖动进行动态平移

动态缩放	dynscale	使用鼠标拖动进行动态缩放
工具条	vtoolbar	显示/隐藏工具条
属性条	vattribbar	显示/隐藏属性条
常用工具箱	vcommonbar	显示/隐藏常用工具箱
右侧菜单条	vpulldownbar	显示/隐藏右侧菜单条
重画	redraw	刷新屏幕
显示窗口	zoom	用窗口将图形放大
显示平移	pan	指定屏幕显示中心，将图形平移
显示全部	zoomall	显示全部图形
显示复原	home	恢复图形的初始状态
显示放大	zoomin	按固定比例（1.25 倍）将图形放大
显示缩小	zoomout	按固定比例（0.8 倍）将图形缩小
显示比例	vscale	按给定比例将图形缩放
显示回溯	prev	显示前一幅图形
显示向后	next	显示后一幅图形
线型	ltype	为系统定制线型
颜色	color	为系统设置颜色
层控制	layer	通过层控制对话框对层进行操作
屏幕点设置	potset	设置屏幕上点的捕获方式
拾取设置	objectset	设定拾取图形元素及拾取盒大小
文本风格	textpara	设定文字参数数值
标注风格	dimpara	设定标注的参数数值
剖面图案	hpat	设定剖面图案的样式
设置坐标系	setucs	设置用户坐标系
切换坐标系	switch	世界坐标系与用户坐标系切换
隐藏/显示坐标系	reset	设置坐标系可见/不可见
删除坐标系	hideucs	删除当前坐标系
三视图导航	guide	根据两个视图生成第三个视图
系统配置	syscfg	配置一些系统参数
帮助索引	help	CAXA 电子图板的帮助
命令列表	comlist	CAXA 电子图板所有命令的列表
服务信息	info	华正软件工程研究所的服务信息
关于电子图板	about	CAXA 电子图板的版本信息
定制界面	customize	定制界面
切换新老界面	newold	切换新老界面
切换全屏显示和窗口显示	fullview	切换全屏显示和窗口显示
动态平移	dyntrans	使用鼠标拖动进行动态平移
动态缩放	dynscale	使用鼠标拖动进行动态缩放

附 录 2

CAXA 电子图板为用户设置了若干个快捷键。其功能是利用这些键可以迅速激活相对应功能，以加快操作速度。它们主要有：

方向键（↑↓→←）	在输入框中用于移动光标的位置，其他情况下用于显示平移图形
PageUp	显示放大
PageDown	显示缩小
Home	在输入框中用于将光标移至行首，其他情况下用于显示复原
End	在输入框中用于将光标移至行尾
Delete	删除
Shift + 鼠标左键	动态平移
Shift + 鼠标右键	动态缩放
F1	请求系统的帮助
F2	拖画时切换动态拖动值和坐标值
F3	显示全部
F4	指定一个当前点作为参考点。用于相对坐标点的输入
F5	当前坐标系切换开关
F6	点捕捉方式切换开关，它的功能是进行捕捉方式的切换
F7	三视图导航开关
F8	正交与非正交切换开关
F9	全屏显示和窗口显示切换开关

附 录 3

表 1　减速机箱体结构尺寸

名　称	经验公式
箱座壁厚	$\delta = 0.025a + 1$
箱盖壁厚	$\delta_1 = 0.8\delta$
箱座上部凸缘厚度	$b = 1.5\delta$
箱盖凸缘厚度	$b_1 = 1.5\delta_1$
箱座底部凸缘厚度	$T = 2.35\delta$
地脚螺栓直径	$d_\phi = 0.036a + 12$
轴承旁连接螺栓直径	$d_1 = 0.75d_\phi$
箱盖与箱座连接螺栓直径	$d_2 = (0.5 \sim 0.6)\,d_\phi$
轴承端盖螺栓直径	$d_3 = (0.4 \sim 0.5)\,d_\phi$
箱体外壁至螺栓（d_ϕ、d_1、d_2）中心线距离	C_1 见表 2
d_ϕ、d_1、d_2 孔中心线至凸缘边缘距离	C_2 见表 2
箱座外壁至轴承座外端面距离	$l_1 = c_1 = c_2 + 5$
齿轮端面与内机壁距离	$a_1 > \delta$
大齿轮顶圆与内机壁距离	$a_2 > 1.2\delta$
箱座加强筋厚度	$m = 0.85\delta_1$
箱盖加强筋厚度	$m_1 = 0.85\delta_1$
轴承盖螺栓分布圆直径	$D_1 = D = 2.5d_3$

表 2 螺栓的尺寸 C_1、C_2 尺寸

螺栓直径	M8	M10	M12	M16	M20	M22
C_{1min}	15	18	22	26	30	36
C_{2min}	13	14	18	21	26	30

附 录 4

新版 CAXA2011 机械版的两种界面

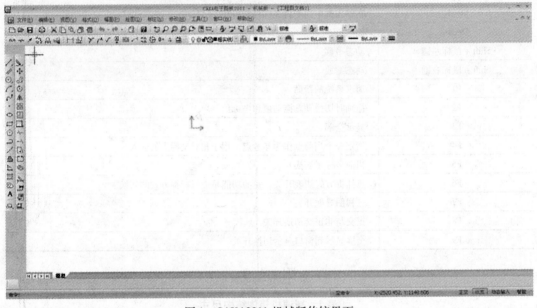

图 1 CAXA2011 机械版传统界面

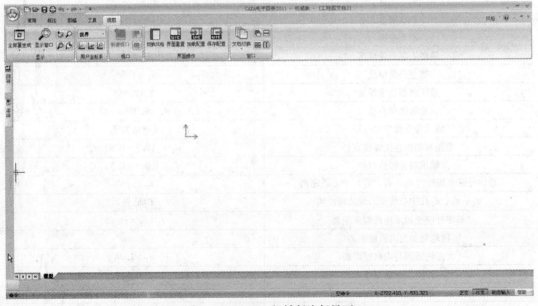

图 2 CAXA2011 机械版流行界面

参 考 文 献

[1] 龚溎义. 机械设计课程设计图册 [M]. 第 3 版. 北京：高等教育出版社，2008.
[2] 成大先. 机械设计手册 [M]. 北京：化学工业出版社，2001.
[3] 数字化手册编委会. 机械设计手册（软件版）V3.0 [M]. 北京：机械工业出版社，2002.

冶金工业出版社部分图书推荐

书　名	作　者	定价(元)
机械设计基础教程	康凤华	39.00
机械设计课程设计	吴　洁	29.00
现代机械设计方法（第2版）	臧　勇	36.00
机械设计基础	侯长来	42.00
轧钢机械设计	黄庆学	56.00
轧钢机械设备	边金生	45.00
轧钢设备维护与检修	袁建路	28.00
冶金通用机械与冶炼设备	王庆春	45.00
机械设备安装工程手册	樊兆馥	178.00
冶金液压设备及其维护	任占海	35.00
矿山工程设备技术	王荣祥	79.00
冶炼设备维护与检修	时彦林	49.00
电气设备故障检测与维护	王国贞	28.00
电解铝生产工艺与设备	王　捷	35.00
氧气转炉炼钢工艺与设备	张　岩	42.00
冶金设备	朱　云	49.80
冶金设备及自动化	王立萍	29.00
通用机械设备（第2版）	张庭祥	26.00
高炉炼铁设备	王宏启　王明海	36.00
材料成型设备	周家林	46.00
选矿厂辅助设备与设施	周晓四	28.00
高炉炼铁设计与设备	郝素菊	32.00